家乡烧肉！

102 道记忆中的
家乡味道

950 万人次
认可的做法

新浪博客资深美食博主

多档美食节目特邀嘉宾

绿野仙踪◎著

北京科学技术出版社

图书在版编目（CIP）数据

家乡烧肉！／绿野仙踪著．—北京：北京科学技术出版社，2020.2
ISBN 978-7-5714-0513-7

Ⅰ．①家… Ⅱ．①绿… Ⅲ．①荤菜－菜谱 Ⅳ．① TS972.125

中国版本图书馆 CIP 数据核字（2019）第 218319 号

家乡烧肉！

作　　者：绿野仙踪
策划编辑：陈憧憧
责任编辑：刘　超
图文制作：樊润琴
责任印制：张　良
出 版 人：曾庆宇
出版发行：北京科学技术出版社
社　　址：北京西直门南大街16号
邮政编码：100035
电话传真：0086-10-66135495（总编室）
　　　　　0086-10-66113227（发行部）
　　　　　0086-10-66161952（发行部传真）
电子信箱：bjkj@bjkjpress.com
网　　址：www.bkydw.cn
经　　销：新华书店
印　　刷：北京印匠彩色印刷有限公司
开　　本：720mm×1000mm　1/16
印　　张：10.75
版　　次：2020年2月第1版
印　　次：2020年2月第1次印刷
ISBN 978-7-5714-0513-7 ／T·1030

定价：35.80元

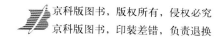

我就是爱吃肉，没有什么理由。

我曾经以为下厨最难做的就是肉菜，没想到我的第一本美食书竟然是一本厚厚的纯肉食书。"食有肉，居有竹"算是完美生活的写照吧。对嗜肉族而言，每餐一两道肉菜必不可少，它们不仅能饱腹，有时还寄托着人们深深的情感。 我做的许多肉菜都源于儿时的记忆，妈妈的红烧肉、辣子鸡和羊肉丸子汤，奶奶的蒸碗肉和炸带鱼……记忆中的味道一直藏在心底，难以忘怀！

肉食是大多数人餐桌上不可或缺的美味。但是对从来不缺肉吃的我们来说，做个健康的"肉食动物"，掌握健康的肉食烹饪方法才是关键。家里的厨房就是做出健康肉食的最好地方，用少油、少盐、低糖、无味精的烹饪理念做出的肉食一样美味诱人。如果你想表达对家人以及朋友们深厚的爱，亲自下厨为他们做一两道既可口又健康的肉菜吧！

机缘巧合，开始下厨后，我又端起了相机，记录光影里的食物和厨房生活的点滴。这让我有了更多收获——一个美食博客、一群热爱美食和摄影的朋友以及家人毫不吝啬的赞美和鼎力支持。因为这个小小的美食圈，我有了更多和大家交流的机会：跟着沈爷学烧肉，跟着名厨学做地方特色菜，跟着食物摄影师和专业摄影师学习食物造型和光影运用…… 我要感谢自己爱上了美食并且一直坚持，更要感谢家人和朋友们的支持。

今天，我又有了一个阶段性的进步——写完了这本纯肉食书！真诚希望"无肉不欢"的朋友们喜欢这本书。如果看完这本书，你们能把其中的一些菜端上自家的餐桌，就是我最开心的事情。

跟着Olivia有肉吃，与美食相逢，我们书里见。

绿野仙踪

新浪博客：blog.sina.com.cn/olivia811123

新浪微博：weibo.com/olivia811123

Contents

目 录

Part 1

猪 肉

Part 2

牛羊肉

Part 3

鸡鸭肉

Part 4
鱼 虾

Part 5
其 他

Part **1**
猪肉

叉烧肉

🍲 原料

猪里脊500克

🍲 调料

生抽15毫升，料酒10毫升，叉烧酱60毫升，蜂蜜10毫升

🍲 做法

① 猪里脊洗净，放入水中浸泡2小时左右捞出，擦干表面水分，放入保鲜盒。

② 倒入料酒、生抽、叉烧酱用手抓匀，使猪里脊全部裹上料汁。

③ 盖上盖子，放入冰箱冷藏至少24小时，提前取出回温。

④ 烤箱预热至200℃，腌过的猪里脊放在烤架上，下面放上铺有锡纸的烤盘，烤20分钟。

⑤ 蜂蜜倒入腌肉的料汁中搅匀。

⑥ 20分钟后将肉取出翻面，并在表面均匀地刷一层蜂蜜腌肉料汁。

⑦ 再次放入烤箱烤40分钟，其间刷1~2次料汁，烤熟后取出即可。

▷ Olivia美食记录

1. 叉烧肉做法简单，但腌肉很关键。如果时间充裕可以将肉放入冰箱冷藏两天左右，这样更入味；腌肉时每隔半天晃动一下保鲜盒，让料汁均匀地裹在整块肉上。

2. 烤肉时最好多次翻面刷料汁，这样更易入味而且成品色泽好。烤整块肉的时间比较长，可以提前将肉切成片以缩短烤的时间。猪里脊又瘦又嫩，喜欢肥瘦相间的可以选择猪颈肉或前臀尖。

瓜子肉

🍲 原料

带皮五花肉500克，脆酱瓜100克

🍲 调料

蒜5瓣，酱瓜汁150毫升，老抽15毫升，金兰酱油15毫升，米酒15毫升，白胡椒粉1克，冰糖15克

🍲 做法

带皮五花肉洗净，切成肉丁。脆酱瓜切小丁，蒜切末。

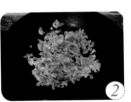

锅烧热倒油，放入五花肉丁。

中火将肉丁炒至变白出油，倒出备用。

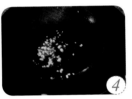

另起锅，烧热倒油，放入蒜末炒香。

放入肉丁翻炒，加米酒、老抽、金兰酱油、酱瓜汁和白胡椒粉炒香。

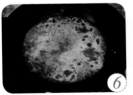

倒入热水，没过肉丁约3厘米，大火烧开。

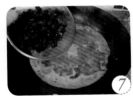

加入酱瓜丁，放入冰糖。

肉和肉汤一起倒入砂锅，小火炖约30分钟至汁浓肉软。

Olivia美食记录 ▶

1. 金兰酱油是台湾特色酱油，可以在网上购买，如果没有也可以用普通酱油代替。由于酱油、老抽和酱瓜汁都有咸味，所以做这道菜可以不加盐。
2. 脆酱瓜可以自制也可以买成品，我用的是自己做的。

过油肉

🍲 原料

猪里脊300克，蒜薹150克，木耳50克

🍲 调料

大葱半根，姜1小块，蒜2瓣，黄酒15毫升，生抽15毫升，盐3克，鸡蛋1个，陈醋、花椒、水淀粉适量

🍲 做法

① 猪里脊洗净，切厚度均匀的薄片，葱切丝，姜切末，蒜切片，木耳泡发备用。

② 肉片中倒入黄酒腌15分钟，然后加入淀粉，打入鸡蛋。

③ 用筷子搅匀，使肉片均匀地裹上一层蛋液，静置5分钟。

④ 蒜薹洗净，切成长度均等的段。木耳洗净撕成小朵备用。

⑤ 炒锅烧热倒油，油温五成热时倒入猪里脊，快速搅拌，肉片颜色微黄时捞出。

⑥ 锅中留底油，放入花椒、葱丝、姜末、蒜片炒香，倒入蒜薹段大火炒匀。

⑦ 放入木耳，快速翻炒。

⑧ 倒入过油的肉片，加盐和生抽炒匀。

⑨ 加适量陈醋，最后倒入水淀粉，翻炒出锅。

Olivia美食记录 ▶

1. 腌猪里脊的时间要足够，蛋液要裹均匀。肉片过油时，最好使用猪油，火候要掌握好，油温五成热时放肉片，油温过高会使肉片焦硬、口感差。

2. 木耳可以用温水泡发，如果泡发的时间不够长也可以在炒前焯水，这样更容易炒熟，口感也更柔和。

3. 倒入水淀粉后，菜肴就会汤汁浓稠、色泽鲜亮。调制水淀粉时淀粉和水的比例没有严格要求，淀粉多水少勾出来是厚芡，反之是薄芡。这道菜适合勾薄芡。

猪肉

牛羊肉

鸡鸭肉

鱼虾

其他

红烧肉

🍲 原料

带皮五花肉500克

🍲 调料

姜1小块，大葱半根，冰糖60克，八角2个，生抽30毫升，老抽15毫升，咸猪蹄半个，生蚝干1块，盐适量

🍲 做法

五花肉和咸猪蹄切块。姜切片，葱切段。

五花肉块放入冷水中，大火烧开后捞出备用。倒入猪蹄余一下，捞出沥干。

炒锅烧热倒油，放入冰糖小火翻炒至熔化。

放入五花肉和猪蹄大火快速翻炒，让肉均匀地裹上糖色。

淋上生抽和老抽炒匀。

倒入开水没过肉块，放入姜片、葱段、八角和生蚝干，大火烧开。

转小火，炖1小时。

大火收汁，出锅前加盐调味。

▶ Olivia美食记录 ▶

1.这道菜的独特之处就是加入了咸猪蹄和生蚝干，味道咸香可口。

2.收汁时，要不断翻炒防止粘锅。出锅前品尝一下，如果咸味够，可以不加盐。

红烧猪蹄

🍲 原料

猪蹄2只（约750克）

🍲 调料

香葱6根，姜8克，香叶2片，干辣椒2个，黄酒25毫升，老抽40毫升，红腐乳2～3块，冰糖30克，盐、腐乳汁适量，白芝麻少许

🍲 做法

1. 猪蹄洗净切块，冷水入锅，加10毫升黄酒煮开，捞出拔去猪毛。

2. 煮猪蹄的同时，在高压锅中倒入可以没过猪蹄的水，大火烧开，放入煮过的猪蹄。

3. 大火煮开，撇去浮沫，倒入剩余的黄酒。姜切片，香葱5根挽结，1根切葱花。

4. 加入姜片、香葱结、香叶、干辣椒和老抽，红腐乳碾碎备用。

5. 碾碎的红腐乳连同腐乳汁一起倒入锅中，放入冰糖，大火烧开。

6. 盖上锅盖，待压力阀喷气后，转中小火炖35分钟左右。

7. 高压锅能打开后，将猪蹄盛入砂锅中，加入适量盐。

8. 盖上锅盖大火收汁，出锅后撒少许葱花和白芝麻即可。

Olivia美食记录

1. 猪蹄煮过一次后，再用镊子去毛更容易。
2. 用高压锅炖更省时间。加入红腐乳和腐乳汁能使成品色泽更诱人。

猪肉

牛羊肉

鸡鸭肉

鱼虾

其他

回锅肉

原料

带皮五花肉500克，青蒜200克

调料

大葱半根，姜1小块，八角1个，郫县豆瓣酱50克，豆豉5克，甜面酱20克，生抽15毫升，白糖5克，小米椒、料酒少许

做法

1. 姜切片，葱切段。五花肉洗净，冷水入锅，放入姜片、葱段和八角，大火烧开撇去浮沫，转中火煮20分钟。

2. 青蒜洗净切斜段，小米椒洗净切小段，豆瓣酱和豆豉剁碎备用。

3. 五花肉煮至八成熟，用筷子轻松插透、无血水溢出，捞出自然冷却。

4. 五花肉切成厚约2毫米的薄片。

5. 锅烧热倒油，倒入肉片，小火煸炒至肉片微卷出油，盛出备用。

6. 借锅中余油放入豆瓣酱和豆豉碎，小火炒香至出红油。

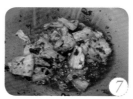

7. 放入肉片，大火翻炒，加入白糖、甜面酱、生抽和少许料酒炒匀。

8. 出锅前加入青蒜和小米椒段炒香。

Olivia美食记录

1. 煮过的肉块用冷水浸泡或放入冰箱冷冻几分钟后取出再切，这样肉片既容易切开，又能保持完整。
2. 五花肉切得越薄越好，先用中小火煸出油再盛出。青蒜炒至断生即可，久炒会影响味道和色泽。
3. 豆瓣酱和甜面酱用量根据个人口味增减。由于酱本身有咸味，所以做这道菜时不用额外放盐。

烤大排

🍲 原料

猪排骨400克（不切小段）

🍲 调料

大葱5克，姜5克，黄酒15毫升，豆瓣酱30克，豆豉辣酱20克，生抽15毫升，白糖2克，孜然粉1克

🍲 做法

①

葱切葱花、姜切丝。用黄酒、生抽、豆瓣酱、豆豉辣酱、白糖和孜然粉调一碗料汁。

②

料汁搅匀后用刷子均匀地刷在排骨上，反复刷两三次。

③

撒上葱花和姜丝，用手抓匀为排骨去腥。

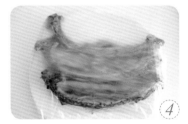
④

盖上保鲜膜，放入冰箱冷藏2小时左右。

⑤

烤箱预热至200℃，排骨放在装有锡纸的烤盘上，放入烤箱上下火烤20～25分钟。

⑥

烤的过程中，取出排骨再刷两三次料汁使其更入味。

Olivia美食记录

1. 料汁是这道菜的灵魂。腌的时间足够排骨才更入味，如果时间充裕，可放入冰箱冷藏一整夜。
2. 排骨肉比较厚的话可以延长烤的时间。烤的时候在排骨上刷少许蜂蜜，烤出的排骨味道更香、色泽更好。

猪肉

牛羊肉

鸡鸭肉

鱼虾

其他

金钱肘花

🍲 **原料**

去骨猪肘1个

🍲 **调料**

大葱1根，姜1块，八角3个，香叶2片，花椒30粒，黄酒40毫升，酱油80毫升，黄豆酱50克，冰糖20克，白胡椒粉、五香粉、蒜粉、盐适量

做法

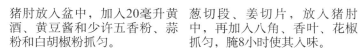

① 猪肘洗净，用镊子拔去猪毛，再用厨房纸巾擦干。

② 猪肘放入盆中，加入20毫升黄酒、黄豆酱和少许五香粉、蒜粉和白胡椒粉抓匀。

③ 葱切段、姜切片，放入猪肘中，再加入八角、香叶、花椒抓匀，腌8小时使其入味。

④ 挑出葱、姜等调料备用，将腌过的猪肘平铺在纱布上。

⑤ 猪皮朝外，将猪肘卷成圆筒状。

⑥ 从一端开始，将猪肘用纱布紧紧卷起来。

⑦ 卷好的猪肘用棉线缠好系紧，防止煮熟时松散。

⑧ 锅中加冷水没过猪肘，放入挑出的葱、姜和八角等调料，加剩余的黄酒、酱油、冰糖和盐。

⑨ 大火烧开后转小火炖2小时，关火后将猪肘浸泡在锅中晾凉。

⑩ 取出后去掉纱布，切片即可。

Olivia美食记录

1. 猪肘里的筋膜剔起来很麻烦，买猪肘时可以请店家帮忙去除。
2. 制作这道菜最好选择前肘——瘦肉较多，口感更好。
3. 猪肘腌的时间越长就越入味，如果第二天制作，最好先放入冰箱冷藏一夜。
4. 用纱布卷猪肘时，尽量卷成紧实的圆筒状，这样煮出来的猪肘形状才更漂亮。
5. 用棉线系紧也很关键，系的太松猪肘不易成形。

猪肉

牛羊肉

鸡鸭肉

鱼虾

其他

腊八蒜烧肥肠

原料

净肥肠350克，腊八蒜100克

调料

大葱1段，姜1块，料酒15毫升，腊八醋45毫升，盐5克，白糖2克，白胡椒粉1克，酱油15毫升，水淀粉适量

做法

① 肥肠放入冷水盆中，加入3克盐搓洗，捞出用流水冲洗干净。

② 取30毫升腊八醋，兑适量水调匀，倒入洗净的肥肠中，浸泡20分钟。

③ 葱切段，姜切丝，腊八蒜切两半。

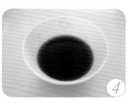

④ 白糖、料酒、酱油、白胡椒粉、腊八醋和剩余的盐放入碗中调匀，制成料汁。

⑤ 捞出肥肠，切成3厘米长的段。

⑥ 肥肠冷水入锅，烧开后煮3分钟，捞出沥干。

⑦ 炒锅烧热倒油，放入葱段、姜丝，大火爆香后捞出。

⑧ 放入腊八蒜，小火煸炒至边缘微微发黄。

⑨ 放入肥肠段，大火翻炒均匀。

⑩ 沿着锅边淋入料汁，翻炒2分钟。

⑪ 淋入水淀粉，大火翻炒，收汁后关火。

Olivia美食记录

1. 这道菜用的是半熟的净肥肠，买回来后要清洗、浸泡以便更好地去味。如果是新鲜肥肠，除了用盐搓洗、用腊八醋水浸泡以及用冷水煮外，还要用高压锅焖10分钟后再用。
2. 肥肠里的油最好去掉。腊八蒜和腊八醋能很好地去除肥肠的异味，可以多放一些。

辣白菜
炒五花肉

🗂 原料

五花肉200克，辣白菜50克

🗂 调料

大葱半根，蒜3瓣，韩式辣椒酱15克，黄酒15毫升，盐2克，白糖5克，白芝麻少许

🗂 做法

①

五花肉洗净，切成薄片。葱切葱花，蒜切片。

②

平底锅烧热倒油，放入肉片大火煸炒。

③

肉片完全变色、微微卷曲、出油后，加入黄酒、葱花和蒜片，中火翻炒。

④

倒入辣白菜翻炒均匀。

⑤

倒入热水，中小火焖10分钟，使五花肉熟软。

⑥

收汁后加入韩式辣椒酱、盐和白糖，撒上白芝麻即可。

Olivia美食记录

1. 五花肉本身较肥，先煸出油再炒，吃起来口感更好。
2. 辣白菜口味酸甜、色泽红亮、开胃爽口，搭配肉类、海鲜、豆腐和米饭都很好吃。辣白菜里多余的汤汁不要浪费，放入菜里会使菜的味道更浓郁，色泽更诱人。

绿茶烤肉

🍲 原料

五花肉350克，生菜1棵

🍲 调料

绿茶10克，生抽15毫升，黑胡椒粉1克，椒盐2克，蒜5瓣，孜然粉、辣椒粉适量

🍲 做法

五花肉洗净，切成厚约1.5毫米的薄片。

绿茶用85℃的水冲泡。

茶水自然冷却后，将茶叶和茶水倒入肉片中腌3～4小时。

倒出茶叶和茶水，再倒入生抽搅匀，继续腌10分钟。

放入黑胡椒粉、椒盐、孜然粉和辣椒粉搅匀。

平底锅烧热，肉片均匀地铺入锅中，用小火煎。

煎至肉片出油、两面呈金黄色，搭配生菜、蒜或料汁食用。

Olivia美食记录

1. 五花肉在半冻状态时最易切薄片，切成薄片后更易入味而且不油腻。
2. 腌五花肉的时间要足够，绿茶能够去油、去腥，其他调料也可以提香增味。煎五花肉时不用额外放油。

蜜汁肉脯

🍽 原料

瘦肉占95%的猪肉馅200克，瘦肉占80%的猪肉馅150克

🍽 调料

料酒10毫升，老抽5毫升，一品鲜酱油10毫升，鱼露15毫升，白糖2克，黑胡椒粉1克，蜂蜜15克，盐、白芝麻适量

🍲 做法

两种猪肉馅混合均匀。

肉馅放在案板上，用刀剁成细腻的肉茸。

肉茸放入碗中，加入料酒、盐、白糖、一品鲜酱油和老抽。

放入黑胡椒粉，倒入鱼露。

顺着一个方向搅拌，将肉茸搅打上劲，盖上保鲜膜腌1小时。

案板上铺一层锡纸，在锡纸表面刷一层油。

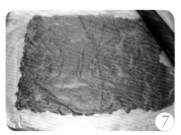

肉茸放在锡纸上铺匀，盖上保鲜膜，用擀面杖擀成薄厚均匀的长方形。

烤箱预热至180℃。肉茸撕去保鲜膜，放入烤盘，烤8分钟。

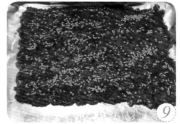

取出，在表面刷一层蜂蜜，撒适量白芝麻，放入烤箱，继续烤15分钟。

取出翻面，刷蜂蜜、撒适量白芝麻，继续烤5～8分钟。取出放凉切片即可。

Olivia美食记录 ▶

1. 肉馅一定要瘦一些，肥肉多的肉馅会出很多油和水。
2. 制作蜜汁肉脯时，一定要放鱼露，这样味道才正宗。
3. 锡纸上要刷薄薄一层油，这样烤出来的肉脯不会和锡纸粘连。烤时要经常观察，根据肉脯的薄厚和自己烤箱的情况调节时间，以免烤焦。
4. 用上述方法还可以制作牛肉脯和鸡肉脯。

猪肉
牛羊肉
鸡鸭肉
鱼虾
其他

木耳干豆角
小炒肉

📋 原料

卤五花肉250克，干豆角50克，木耳50克

📋 调料

大葱2段，蒜3瓣，干辣椒2个，生抽15毫升，盐3克，白糖2克，小米椒适量

📋 做法

①

干豆角放入水中浸泡2～3小时，捞出煮软后切小段。干辣椒和小米椒切段。

②

木耳泡发洗净，撕成小朵，沥干。卤五花肉切成厚约3毫米的薄片。

③

炒锅烧热，倒油烧至五成热，放入切好的葱花、蒜片和干辣椒段，炒香后捞出。

④

依次放入干豆角和木耳，中火炒3分钟，放入小米椒段。

⑤

肉片放入锅中，中小火炒匀。

⑥

加入盐、白糖和生抽调味，稍翻炒后小火焖2分钟关火。

Olivia美食记录

1. 卤好的五花肉解冻后就可以做这道小炒肉了。
2. 用生五花肉来制作的话，要提前将肉煮一下再煸炒出油，然后加入干豆角、木耳爆炒即可。木耳要沥干再入锅翻炒。

蒜泥白肉

🍲 原料

五花肉300克，黄瓜1根

🍲 调料

大葱1根，姜1小块，蒜6瓣，料酒15毫升，
八角2个，生抽30毫升，油辣椒15克，红油
20毫升，白糖1克，盐1克，熟芝麻少许

🍲 做法

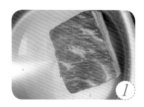

① 五花肉放入清水中浸泡30分钟，泡出血水后捞出洗净。肉皮用刀刮净，放入冷水锅中。

② 葱切段、姜切片，与料酒、八角一起放入锅中，大火煮开。

③ 盖上锅盖，转中小火将肉煮熟，关火，焖20分钟后捞出。

④ 煮肉时将蒜用刀拍碎后捣成蒜泥，黄瓜洗净后用削皮器削成薄长条。

⑤ 蒜泥、生抽、白糖和盐放入碗中，加少许肉汤搅匀，再放入油辣椒和红油搅匀。

⑥ 五花肉放至外部不烫手时切薄片。

⑦ 将肉片、黄瓜片卷起码盘，料汁中撒上熟芝麻，淋在肉片上即可。

猪肉

牛羊肉

鸡鸭肉

鱼虾

其他

Olivia美食记录

1. 肉块能用筷子轻松扎透，没有血水溢出就说明煮熟了。肉煮熟后在汤中浸泡20～30分钟，口感和味道会更好。
2. 肉块稍晾，不烫手时就可以切片了，这样切出的肉片更容易卷起。

柠香叉烧小排

🍲 原料

猪肋排1000克

🍲 调料

香葱4根，姜1小块，蒜5瓣，干山楂10个，叉烧酱40克，红腐乳2块，黄酒30毫升，老抽15毫升，冰糖20克，鲜柠檬1片，柠檬皮屑、白芝麻、腐乳汁少许

🍲 做法

① 肋排洗净切小块备用。

② 姜切片、蒜切两半，一大半香葱打结。

③ 炖锅中加入冷水，放入排骨、黄酒、少许蒜、姜片和香葱，大火烧开。

④ 放入香葱结、剩余蒜和姜片，排骨撇去浮沫后捞出放入高压锅。

⑤ 腐乳块压碎，同腐乳汁一起倒入锅中。

⑥ 放入叉烧酱、干山楂、柠檬皮屑、老抽和冰糖，大火煮开。

⑦ 煮开后盖上锅盖，转中火继续煮20分钟即可。

⑧ 排骨和汤汁倒入平底锅或炒锅，大火收汁。

⑨ 挤入几滴柠檬汁，撒少许白芝麻即可出锅。

◢ Olivia美食记录 ▸

1. 最好让商家将肋排切成小段，这样烹饪时清洗即可，无须额外处理。
2. 用高压锅省时省力，排骨无须腌制，很容易入味。
3. 放少许干山楂能让排骨更加软烂，缩短烹饪时间。腐乳和叉烧酱能提味上色，冰糖能让排骨色泽更好。
4. 这道菜放凉后同样可口。

猪肉

牛羊肉

鸡鸭肉

鱼虾

其他

茄汁肉丸

🍲 原料

猪肉馅200克，豆渣100克，鸡蛋1个，胡萝卜半根

🍲 调料

大葱1段，姜1小块，料酒10毫升，花椒水50毫升，生抽10毫升，老抽3毫升，盐2克，番茄沙司50克，甜辣酱20克，水淀粉15毫升，香油少许

📖 做法

胡萝卜洗净去皮后切末，葱、姜切末备用。

肉馅中加入料酒、葱末、姜末、生抽、老抽、盐和鸡蛋，分次倒入花椒水沿一个方向搅拌。

放入豆渣、胡萝卜和香油，搅匀静置10分钟左右。

取一小团肉馅，从虎口处挤出肉丸，用小勺刮下肉丸，放入盘中。做好所有的肉丸。

肉丸冷水入锅，大火煮开，待浮起来熟透后捞出。

炒锅烧热，倒油烧至五成热，放入番茄沙司和甜辣酱炒匀。

倒入热水大火烧开，放入肉丸，中火煮3～5分钟。

沿锅边淋入水淀粉，大火收汁即可。

◢ Olivia美食记录 ▶

1. 花椒水要分次倒入，然后顺着一个方向将肉馅搅打上劲，待肉馅把水完全吃入后再继续倒。花椒水有去腥提味的作用，加了花椒水的肉丸口感更软糯嫩滑。
2. 肉馅中加入豆渣吃起来更香，但豆渣用量不要超过肉馅总量的1/3，否则丸子不易成形。丸子冷水下锅，大火煮开定形后再搅动。
3. 制作花椒水：锅中加入250毫升冷水，放入花椒，大火煮开后转小火煮3～5分钟关火。

猪肉

牛羊肉

鸡鸭肉

鱼虾

其他

肉皮冻

🍲 **原料**

猪肉皮1000克

🍲 **调料**

大葱1根，姜5片，香叶3片，八角2个，桂皮1段，料酒15毫升，盐10克，白糖少许，花椒、生抽、老抽适量

① 肉皮洗净，冷水入锅，大火烧开，煮5分钟左右至肉皮变软。

② 取出肉皮，用镊子拔去表面杂毛，去除杂质。

③ 用刀将肉皮内侧多余脂肪刮去，一定要刮干净。

④ 肉皮切成长5厘米、宽3厘米的小块。

⑤ 处理好的肉皮再次冷水入锅。

⑥ 香叶、桂皮、八角和花椒放入调料盒。

⑦ 锅中放入切好的葱段、姜片和调料盒，倒入料酒、老抽和生抽，大火烧开。

⑧ 转中小火煮2小时左右，出锅前20分钟加入盐和白糖，待肉皮软糯、汤汁变稠即可。

⑨ 肉皮和汤倒入干净的容器中自然冷却。

⑩ 汤汁完全晾凉后，放入冰箱冷藏保存，食用时取出切片或切块即可。

Olivia美食记录

1. 煮肉皮的时间越久，肉皮冻就越好吃，其间多查看以免熬干汤汁。

2. 肉皮煮好后自然冷却，放入冰箱冷藏保存，完全凝固后即可切片或切块。

猪肉 牛羊肉 鸡鸭肉 鱼虾 其他

软炸里脊

🍲 原料

猪里脊250克

🍲 调料

大葱2段，姜1小块，黄酒15毫升，盐2克，白胡椒粉1克，面粉50克，淀粉75克，鸡蛋1个，香油、椒盐适量

🍲 做法

① 葱切片，姜切丝，放入碗中加水浸泡。

② 猪里脊洗净后切除表面筋膜，切成长7厘米左右的块。

③ 肉块切成粗肉条。

④ 切好的肉条放入碗中，加入黄酒、盐、白胡椒粉、葱姜水和香油搅匀。

⑤ 放入少许蛋清抓匀，腌30分钟以上。

⑥ 取一个小碗，放入面粉、淀粉和剩余蛋液，加水搅至能挂在筷子上。

⑦ 锅烧热，倒油烧至六七成热，里脊条放入面糊中，均匀裹上面糊，用筷子逐条下入锅中。

⑧ 中小火炸至肉条浮起，表面呈金黄色时捞出控油。

⑨ 食用前撒上椒盐。

Olivia美食记录

1. 猪里脊提前切花刀再腌更容易入味。腌肉时，调料要放足，这样即便不蘸椒盐，吃起来也很香。

2. 腌肉时可以用筷子搅拌，让调料更好地渗入肉里，这样能防止脱糊。

3. 里脊条宁大勿小，一口咬下去吃到肉的感觉才好。里脊条易熟，不用担心炸不熟。如果喜欢焦脆的口感，可以放入锅中再炸一次。

水煮肉

猪里脊250克，白菜、油菜适量

🍲 调料

干辣椒5克，花椒15粒，黄酒15毫升，郫县豆瓣酱35克，豆豉辣酱15克，白糖5克，淀粉3克，大葱、姜、蒜、香葱、盐、辣椒粉适量

🍲 做法

1 猪里脊洗净，切成厚约2毫米的薄片。

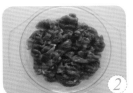

2 黄酒、盐和淀粉放入肉片中搅匀，腌15分钟。

3 大葱切段，姜和蒜切片，香葱切葱花，白菜撕小块，油菜洗净。

4 锅中加水烧开，将白菜和油菜煮熟，迅速捞出过冷水。

5 白菜和油菜凉透后捞出沥干，放入大碗中备用。

6 炒锅烧热倒入油，放入花椒、干辣椒、葱段、姜片和蒜片炒香，再放入豆瓣酱和豆豉辣酱炒出红油。

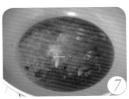

7 倒入清水或高汤，根据个人口味放入盐和白糖调味，大火烧开。

8 开锅后，将腌过的肉片逐片放入锅中。

9 中火煮至肉片变色熟透，立即关火。

10 肉片与汤汁一起倒入大碗中，撒上葱花和辣椒粉调味。

11 另起锅，倒油烧至七成热，将热油浇入大碗中，炝出香味即可。

> **Olivia美食记录** ▷
>
> 1.花椒和干辣椒炒出香味并呈暗红色即可。做这道菜郫县豆瓣酱不可或缺，要炒出红油。
> 2.肉片不要一次性倒入锅中，要逐片放入，然后迅速拨散。可以根据个人喜好选择配菜。

猪肉

牛羊肉

鸡鸭肉

鱼虾

其他

酸菜白肉

原料
五花肉150克，酸菜250克，粉丝50克

调料
大葱半根，姜1小块，料酒15毫升，盐6克，干辣椒2个，桂皮1段，花椒、香油少许

做法

酸菜冲洗一遍后切丝。葱切段，姜切片备用。

粉丝用冷水泡软后剪成2～3段，方便食用。

五花肉洗净放入锅中，加入冷水没过肉块约3厘米。

放入葱段、姜片、料酒、桂皮和花椒大火烧开，转中小火煮20分钟左右。

捞出煮好的五花肉，待其表面凉后切薄片。肉汤过滤备用。

炒锅烧热，倒油烧至七成热，放入干辣椒炒香，再放入酸菜大火翻炒均匀。

倒入肉汤，放入肉片，大火煮开后转中小火煮10分钟左右。

放入粉丝，加盐，煮7～8分钟。

出锅前淋少许香油。

Olivia美食记录

1. 酸菜不宜浸泡和反复清洗，味道变淡会影响整道菜的风味。粉丝用冷水泡软后，剪短以方便食用，但不要剪太短，以免夹不起来。

2. 煮五花肉的水要放足，肉汤要用来做汤底炖白肉和酸菜。如果时间充裕，肉块煮过后最好在肉汤中浸泡20分钟，这样更入味。

3. 出锅前可以品尝一下，如果酸菜不够酸，可加入少许白醋提味。

猪肉

牛羊肉

鸡鸭肉

鱼虾

其他

台式卤肉

五花肉500克，熟鸡蛋4个

🍲 调料

红葱头100克，绍酒30毫升，酱油85毫升，冰糖20克，白胡椒粉3克，八角2个，桂皮1段，大葱、姜、盐、干淀粉少许

🍲 做法

五花肉洗净切丁，葱切葱花、姜切丝。

红葱头洗净切细丝，撒干淀粉抓匀，放入五成热的油锅中。

半炒半炸，待葱头颜色金黄时捞出控油，用擀面杖擀碎。

另起锅，烧热后倒入适量炸葱头的油，放入葱花、姜丝炒香。

放入五花肉丁，倒入绍酒，小火煸炒至微微变色。

炒匀后放入酱油，加入葱头翻炒均匀。

倒入热水，没过肉2厘米左右，放入冰糖、桂皮、八角和白胡椒粉，大火烧开。

熟鸡蛋去壳放入锅中，转小火。

煨1小时至汤汁浓稠、五花肉软烂、鸡蛋上色即可（出锅前20分钟根据咸度加盐调味）。

◁ Olivia美食记录 ▷

1 炸红葱头时一般使用猪油，如果没有也可以用植物油代替。

2 熟鸡蛋放进卤肉汤中，由于吸收了肉和汤的香味，卤蛋的味道会很浓厚。

3 肉汁不要收得太干，可以留一些浇在米饭上。

猪肉

牛羊肉

鸡鸭肉

鱼虾

其他

糖桂花烧排骨

🍲 原料

猪肋排1000克

🍲 调料

糖桂花50克，大葱半根，姜1小块，干辣椒2个，八角2个，料酒30毫升，生抽15毫升，老抽15毫升，醋30毫升，盐适量

🍲 做法

肋排洗净，剁成约6厘米长的小段。葱切段，姜切片。

锅中加水，放入排骨，大火烧开，撇去浮沫后捞出，沥干。

炒锅加热倒油，放入葱段、姜片、八角和干辣椒炒香。

加入排骨段，倒入料酒，中火炒匀。

倒入老抽和生抽（用来上色和提味），炒匀。

排骨上色后，放入30克糖桂花和盐炒匀。

沿锅边倒入开水，水面没过排骨，大火烧开。

转中小火，盖上锅盖炖1小时。

汤汁变浓稠后，倒入剩余糖桂花和醋，收汁即可。

Olivia美食记录

1. 用糖桂花代替糖或者冰糖，既增加菜的甜味又有桂花香。喜欢酸甜口味的话，可以增加醋和糖桂花的用量。
2. 糖桂花分两次放入，如果一次全部放入，经过长时间炖煮味道会变淡。
3. 最后收汁时要用中小火，同时要不停翻炒，否则容易粘锅。

珍珠丸子

🍲 原料

猪肉馅200克，鲜香菇5~6个，胡萝卜1根，糯米100克，枸杞少许

🍲 调料

姜1小块，蛋清1个，盐3克，料酒15毫升，生抽30毫升，粽子叶（或者菜叶）、香葱、香油适量

🍲 做法

糯米用冷水浸泡5小时，使其充分吸收水分（蒸的时候不干），捞出沥干。

香菇洗净切碎，胡萝卜去皮切碎，香葱切葱花，姜切末。

肉馅放入盆中，加入蛋清、葱花、姜末、料酒、香油、生抽和盐。

搅拌均匀，腌15分钟左右。

加入香菇、胡萝卜和葱花。

用筷子沿同一方向划圈搅拌，将馅料搅打上劲。

洗干净的粽子叶铺在笼屉上。

用虎口将和好的肉馅挤成大小适中的肉丸，用小勺刮下，放在盛有糯米的盘中。

让肉丸在糯米里打滚儿，表面均匀地沾满糯米。

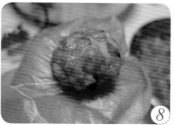

做好的丸子摆入笼屉，用枸杞装饰，大火蒸20~25分钟后关火，撒上葱花，淋上香油即可。

Olivia美食记录

1. 这是珍珠丸子里的"白雪公主"，如果将糯米换成黑米或紫米，就能做出"黑美人"。
2. 蒸丸子时，笼屉中铺上粽子叶或菜叶不但吸油，还能给丸子增加独特的香味。
3. 为了保证蒸出来的丸子晶莹剔透，调肉馅时最好用生抽或其他颜色不重的酱油。
4. 丸子馅可以根据个人口味随意搭配。

蒸碗肉

原料

猪肉500克，干豆角200克，青蒜适量

调料

酱油45克，大葱1根，姜1小块，蒜2～3瓣，干辣椒2个，花椒20粒，八角2个，香叶2片，盐、白糖适量，香油少许

做法

猪肉洗净后切大块。

肉块冷水入锅，大火烧开后捞出。

捞出的肉块用热水冲去浮沫，然后放入另一口锅中。

倒入冷水，没过肉块3厘米，放入切好的葱段、姜片和蒜，烧开。

放入干辣椒、花椒、八角、香叶和酱油，大火煮开后转小火炖30分钟左右。

肉块捞出，晾凉后放入冰箱冷冻30分钟，取出切薄片。

干豆角洗净后用冷水泡软，青蒜切段备用。

干豆角切段，放入大碗中，均匀地撒一层盐。

肉片盖在干豆角上。

冷水入锅，把大碗放在笼屉上，大火烧开后转小火，蒸25分钟。

另起锅，倒油烧至七成热，将热油浇入放有青蒜的碗中，放入白糖和香油制成调味料。

肉蒸好后，倒入调味料，盖上锅盖焖3分钟即可出锅。

猪肉　牛羊肉　鸡鸭肉　鱼虾　其他

Olivia美食记录

1.煮好的肉浸泡在汤汁里更入味，用的时候取出一部分即可，剩下的肉晾凉后放入冰箱冷藏或冷冻保存。
2.煮好的肉放入冰箱冷冻一下，方便切成更薄、更完整的肉片。

猪肉熬菜

🍲 原料

五花肉350克，土豆300克，茄子200克，冬瓜200克，粉条50克，豆腐1块

🍲 调料

干辣椒2个，八角3个，桂皮1块，老抽35毫升，冰糖30克，啤酒2听，盐15克，豆瓣酱30克，葱、姜、蒜适量

做法

五花肉洗净切块，汆水备用。

炒锅烧热倒油，放入干辣椒和切好的葱花、姜片、蒜炒香。

放入五花肉大火翻炒至出油。

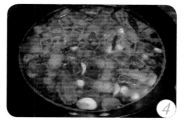

放入八角、桂皮、20毫升老抽和冰糖，倒入啤酒，没过肉块2厘米即可。

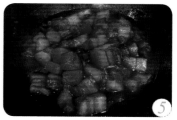

大火烧开后转小火，盖上锅盖炖1小时左右。

粉条用温水浸泡15分钟，放入热水中煮至没有硬芯，捞出泡在冷水中备用。

肉熟软后加5克盐调味，大火收汁后关火。

土豆、冬瓜、茄子洗净去皮，切大小相等的滚刀块，豆腐切1.5厘米见方的块。

锅烧热倒油，放入葱花炒香。

放入豆瓣酱小火炒香，倒入土豆、冬瓜和茄子，大火炒匀。

蒸锅中加热水烧开，将土豆等倒入锅中，再放入豆腐。

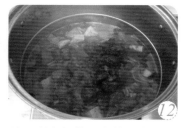

放入剩余的盐和老抽，加入肉块大火煮开，盖上锅盖小火炖40分钟，关火即可。

Olivia美食记录

可以根据个人喜好添加海带、猪肉丸子和豆泡等。熬好的菜通常与馒头或花卷搭配食用。

猪肉

牛羊肉

鸡鸭肉

鱼虾

其他

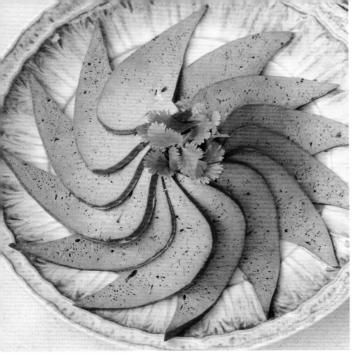

盐水猪肝

📦 原料

新鲜猪肝500克

📦 调料

大葱2段，姜1块，黄酒30毫升，香叶2个，八角2个，桂皮1段，花椒30粒，红曲米10克，盐8克

📦 做法

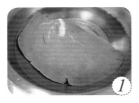

猪肝洗净放入盆中浸泡3~5小时，其间换几次水，泡至出血水、猪肝变成淡粉色时捞出。

葱切段，姜切片，红曲米打磨成粉备用。

猪肝冷水入锅，放入黄酒、香叶、八角、桂皮、花椒、葱段和姜片。

再放入红曲粉搅匀，大火煮开。

撇去浮沫，盖上锅盖，转中火煮8分钟。

放入盐调味，关火。

盖上锅盖放置一整夜。

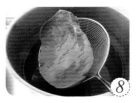

食用前取出切片即可。

◤Olivia美食记录▶

1. 猪肝要选颜色鲜红、表面光滑、大小适中的。用清水充分浸泡，其间多揉搓几次、勤换水，血水泡出后，猪肝的颜色和味道才会好。
2. 煮猪肝时会收缩隆起，所以一定要多放水——煮熟后汤汁能完全没过猪肝。猪肝不能久煮，不然会硬。不要用酱油上色，用天然又安全的红曲米或买来的红曲粉浸煮，猪肝的色泽会更好。

白萝卜炖牛腩

原料

牛腩1000克，白萝卜1根

调料

大葱1根，姜1块，黄酒25毫升，八角2个，盐5克

做法

①

白萝卜洗净去皮切滚刀块，葱切段，姜切片。

②

牛腩洗净后切块。

③

牛肉块冷水入炖锅，大火烧开，撇去浮沫后捞出。

④

煮牛腩的同时向高压锅内加足量水烧开，放入牛腩，开大火。

⑤

放入葱段、姜片和八角，倒入黄酒。

⑥

开锅后撇去浮沫，盖上锅盖，上汽后转中小火炖30~40分钟。

⑦

放入白萝卜块，加盐炖15分钟左右即可。

Olivia美食记录

1.要喝牛肉汤的话可以一次多加些水。

2.本食谱中牛腩的量比较多，一次吃不完，可以放入冰箱冷藏保存。

陈皮炖羊排

🍲 原料

羊排500克

🍲 调料

大葱1根，姜1块，陈皮5克，料酒30毫升，花椒20粒，八角2个，老抽15毫升，生抽20毫升，盐、冰糖适量

🍲 做法

陈皮洗净剪细条，葱切段，姜切片备用。

羊排洗净放入炖锅中，加冷水没过，放入料酒、姜片和少许花椒，大火烧开。

撇去浮沫，捞出羊排用热水冲洗干净，沥干。

羊排倒入高压锅中，加热水没过羊排3厘米，加入葱段、八角、剩余花椒、陈皮、老抽和生抽。

大火烧开后盖上锅盖，转中火炖30分钟。

待压力阀能打开时，加盐和冰糖调味，盖上锅盖继续炖10分钟即可。

Olivia美食记录

1. 陈皮能缓解羊排的油腻，还能去腥提味；葱、姜、料酒和花椒是炖羊肉必备的调料。
2. 羊排第一次煮后可去掉部分膻味，如果炒一下再炖会更焦香。但我认为羊肉本身多油，无须炒，直接炖口味更清淡。

猪肉

牛羊肉

鸡鸭肉

鱼虾

其他

虫草花
煨牛仔骨

🍲 原料

牛仔骨300克，土豆2个，虫草花100克

🍲 调料

大葱半根，姜1小块，盐3克，烤肉酱40克

🍲 做法

① 牛仔骨自然解冻后洗净切小块，倒入20克烤肉酱搅匀。

② 放入冰箱冷藏2小时。

③ 土豆去皮洗净切块，虫草花洗净备用，葱切葱花，姜切片。

④ 炒锅烧热倒入油，放入葱花、姜片炒香。

⑤ 牛仔骨放入锅中翻炒。

⑥ 放入土豆块，倒入剩余烤肉酱，大火炒匀。

⑦ 加热水没过土豆和牛仔骨，大火烧开后转小火，焖45分钟。

⑧ 放入虫草花，加盐继续煨15分钟后关火。

◤Olivia美食记录▶

1.要想让牛仔骨口感香滑细嫩，腌制很关键。

2.牛仔骨适合焖、烤和煎，其中煎最简单——平底锅中放入黄油加热熔化，放入牛仔骨，两面煎熟，撒上黑胡椒粉和海盐调味即可。

葱爆羊肉

原料

羊后腿肉200克，大葱葱白2根

调料

料酒15毫升，生抽15毫升，姜1小块，白胡椒粉、孜然粉、盐、白糖、淀粉适量

做法

① 羊腿肉半解冻状态时切片。

② 半根大葱葱白切葱花，姜切丝，放入羊肉片中，加入料酒、生抽、盐和淀粉。

③ 用手抓匀，腌20分钟左右。

④ 剩余的葱白切圈备用。

⑤ 炒锅烧热，倒油烧至七成热，倒入腌过的羊肉片大火翻炒。

⑥ 羊肉片变色后，调入盐、白糖、白胡椒粉和孜然粉炒匀，放入葱圈翻炒即可出锅。

Olivia美食记录

1. 羊后腿肉比较细嫩，适合用大火爆炒、快速出锅。
2. 羊肉片要厚薄均匀，这样熟度和口感才一致，但不要切得太薄，否则易炒碎。爆炒羊肉时锅要热，油要比平时炒菜用的多一点儿，这样不容易粘锅。

猪肉

牛羊肉

鸡鸭肉

鱼虾

其他

番茄炖牛肉

🍲 原料

牛肋条肉500克，西红柿2个

🍲 调料

大葱1根，姜1块，料酒5毫升，冰糖10克，盐3克，生抽15毫升，干山楂3个，白胡椒粉适量

🍲 做法

牛肉洗净沥干后切块。葱切段、姜切片。

牛肉块放入烧锅中，加冷水没过，大火烧开，撇去浮沫。

向高压锅中倒入约2500毫升冷水，大火烧开。

高压锅水开后，放入煮好的牛肉块。

加入葱段和姜片，倒入料酒。

放入生抽和干山楂大火煮开，盖上锅盖，上汽后转中火炖30分钟。

炖牛肉的同时，将西红柿用开水汆一下，剥掉表皮后切块备用。

蒸汽放完后，打开锅盖。

放入西红柿，加入盐、白胡椒粉和冰糖。

中小火炖15分钟左右即可。

▷ Olivia美食记录

1. 牛肉块第一次煮时冷水入锅，炖时热水入锅，这样能保证牛肉块与水温同步，不会因为忽冷忽热影响牛肉口感。
2. 西红柿加热后能释放对身体有益的番茄红素和胡萝卜素。向汤中加入适量冰糖，能中和西红柿的酸味。

猪肉

牛羊肉

鸡鸭肉

鱼虾

其他

杭椒牛柳

原料

牛里脊或牛后腿肉300克，杭椒12个

调料

大葱1段，姜1块，蒜3瓣，料酒30毫升，小苏打1克，蚝油60毫升，生抽5毫升，盐1克，白糖1克，水淀粉30毫升

🍲 做法

① 葱切葱花，姜切丝，放入碗中加水浸泡20分钟。

② 捞出葱花和姜丝留用，水中放入料酒、生抽、蚝油和小苏打搅匀，调成料汁备用。

③ 牛肉洗净，逆着纹理切成厚约5毫米的片，再切成长约5厘米的段放入碗中。

④ 料汁倒入牛柳中，搅匀，腌30分钟，再倒入少许油搅匀，腌15分钟。

⑤ 蒜切末，杭椒洗净后去蒂切成长度和牛柳相近的段。

⑥ 炒锅中倒入油，大火烧至七成热，倒入牛柳，用筷子快速搅散，牛柳变色后捞出。

⑦ 锅中留底油，放入留用的葱花和姜丝炒香，捞出。

⑧ 放入蒜末和杭椒段翻炒几下。

⑨ 放入牛柳，调入盐和白糖，淋入水淀粉后关火。

Olivia美食记录

1. 牛肉要逆着纹理切，否则炒出来的牛柳嚼不烂。腌牛肉时放入小苏打能让牛肉更软嫩。
2. 腌牛肉时放少许油能锁住牛肉中的水分，用筷子翻炒时不粘连。
3. 牛柳鲜嫩易熟，烹饪时间不宜过长，用大火滑炒是保持牛柳嫩滑的秘诀。不喜吃辣的可以将杭椒去籽。

黑蒜子牛肉粒

🥘 原料

牛里脊350克，蒜2头

🥘 调料

黄油15克，蚝油25毫升，黑胡椒碎2克，鸡蛋清1个，生抽30毫升，料酒15毫升，白糖1克，盐1克，干淀粉适量

🥘 做法

① 牛里脊洗净，去筋膜，切成蒜瓣大小的肉粒。

② 牛肉粒中加入5毫升料酒、15毫升生抽、少许黑胡椒碎、10毫升蚝油、蛋清和干淀粉。

③ 抓匀，腌30分钟以上。

④ 炒锅烧热倒油，倒入腌过的牛肉粒，炒至表面断生捞出。

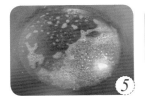

⑤ 另起锅，放入黄油小火烧至熔化。

⑥ 黄油完全熔化后，放入蒜小火煸炒至金黄色。

⑦ 倒入牛肉粒翻炒几下，倒入剩余料酒和生抽。

⑧ 加糖和剩余蚝油炒匀，调入盐和剩余黑胡椒碎，炒匀即可。

Olivia美食记录

1. 牛里脊炒出来比较滑嫩。
2. 蚝油和生抽本身有咸味，盐的用量可根据个人口味增减。
3. 制作这道菜时，黄油、黑胡椒碎和蚝油必不可少，用黑胡椒碎代替黑胡椒粉味道更好。

三丁孜然羊肉粒

🍲 原料

羊肉500克，水萝卜1根，黄瓜1根

🍲 调料

大葱1根，姜1块，料酒15毫升，老抽5毫升，孜然粉1克，椒盐1克，白胡椒粉1克，盐3克，白糖1克，黑芝麻少许

🍲 做法

羊肉洗净，用厨房纸巾擦干，切成宽约1厘米的丁。

放入料酒、老抽、大部分孜然粉、椒盐和白胡椒粉调匀，腌15分钟。

水萝卜、秋黄瓜洗净切丁，葱切圈，姜切片。

炒锅烧热，倒入适量橄榄油，放入羊肉粒大火翻炒，变色后捞出。

另起锅倒油，放入葱圈和姜片炒香，捞出不用，倒入羊肉粒。

中火炒匀，放入萝卜丁和黄瓜丁。

放入盐、白糖、黑芝麻和剩余孜然粉翻炒出锅。

Olivia美食记录

1. 羊肉能提供人体所需的氨基酸，补充铁和锌，所以每周吃3～4次比较合适。
2. 羊肉鲜嫩，不宜久炒，切丁能更好地锁住水分。羊肉可搭配时令蔬果食用，利用食材冷热互补的特性，即使夏天吃也不用担心上火。

猪肉
牛羊肉
鸡鸭肉
鱼虾
其他

红烧牛肉

🍲 原料

牛腩1000克，牛肋条肉500克

🍲 调料

香葱5根，姜1块，蒜3瓣，花椒20粒，八角2个，香叶1片，干辣椒3个，米酒30毫升，老抽15毫升，生抽20毫升，黄豆酱30克，十三香炖肉料1包，干山楂、盐、冰糖适量

牛腩和牛肋条肉洗净后切块。

牛肉块冷水入炖锅，大火烧开后撇去浮沫。

肉块捞出放入碗中，倒入米酒和生抽腌15分钟。

姜切片，香葱打葱结。

高压锅内加足量水烧开，放入腌过的牛肉块。

放入葱结、姜片和蒜，加入黄豆酱、老抽、冰糖和十三香炖肉料。

花椒、八角、香叶、干辣椒和干山楂放入调料盒。再将调料盒放入锅中。

大火烧开，盖上锅盖，上汽后转中小火焖45分钟左右。

如不够咸，出锅前撒盐调味。

Olivia美食记录 ▶

1. 牛腩和牛肋条肉一起炖，这样吃起来有筋有肉，汤也更香浓。
2. 如果不习惯用高压锅炖肉，可以使用普通炒锅，但是肉不容易烂，需要炖得久一些。
3. 可以用黄酒代替米酒，十三香炖肉料可以不放，只是放了味道会更好。这道红烧牛肉的特别之处在于加了黄豆酱——起到去腥增色添香的作用。做这道菜可以不放盐，但黄豆酱要放足量。
4. 炖肉时放一些干山楂，肉容易变软，口感更好。

猪肉

牛羊肉

鸡鸭肉

鱼虾

其他

红焖羊肉

🥘 原料

羊肉500克，白萝卜300克，胡萝卜200克

🥘 调料

大葱半根，姜1小块，蒜3瓣，花椒20粒，黄酒10毫升，豆豉辣酱20克，生抽10毫升，盐1克，八角2个，香叶1片，干辣椒2个，枸杞适量

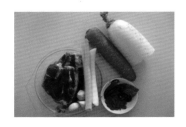

🍲 做法

胡萝卜和白萝卜洗净去皮切滚刀块。葱、姜、蒜切片。

羊肉在冷水中浸泡30分钟以去除血水，取出洗净切块。

肉块冷水入锅，加入花椒大火烧开，撇去浮沫后捞出沥干。

炒锅烧热，倒油烧至七成热，放入葱片、姜片和蒜片炒香。

放入羊肉块，倒入黄酒，大火炒匀。

将羊肉拨到一边，放入豆豉辣酱，中小火炒出红油。

辣酱与羊肉翻炒均匀，倒入热水没过羊肉。

放入八角、香叶、干辣椒、枸杞和生抽，大火烧开。

肉和汤全部倒入电压力锅，盖上锅盖焖45分钟。

打开锅盖，放入白萝卜块、胡萝卜块和盐，盖上锅盖继续焖8分钟即可。

Olivia美食记录

1. 可以用羊后腿肉、腰窝肉或者肋排做这道菜。羊肉味膻，需提前浸泡去除血水，再冷水入锅煮才能有效去除膻味，花椒也能去膻味。
2. 电压力锅焖肉比较省水，所以倒入适量热水即可，加太多水会淡化汤味。
3. 豆豉辣酱的用量随个人口味调整。如果增加了豆豉辣酱的用量，就可减少盐的用量。

猪肉

牛羊肉

鸡鸭肉

鱼虾

其他

红油拍蒜烩羊肚

原料

净羊肚500克，蒜1头

调料

大葱1根，姜1块，料酒15毫升，花椒20粒，八角2个，苹果3片，红油25毫升，盐2克，白糖1克，醋10毫升，生抽15毫升，老抽5毫升，白胡椒粉1克，青椒、红椒少许，水淀粉适量

🍲 做法

① 蒜切末，葱切大段，姜切片，青椒、红椒切丝。

② 净羊肚冲洗干净后放入冷水盆中，加入花椒、10毫升料酒和苹果片，大火煮开。

③ 撇去浮沫，中小火煮30分钟后关火，将羊肚浸泡在汤中1~2小时。

④ 捞出羊肚稍冷却，切成细丝。

⑤ 炒锅烧热，倒油烧至七成热，放入葱段、姜片和八角炒香。

⑥ 放入醋、剩余料酒、老抽和生抽调味，倒入热水，大火烧开后煮3分钟。

⑦ 放入盐、白糖和白胡椒粉，捞出葱段、姜片和八角，下羊肚丝大火炖5分钟。

⑧ 倒入水淀粉，汤汁变浓稠后关火，盛入碗中。

⑨ 另起锅，烧热倒油，放入蒜末炒香，关火。

⑩ 蒜末倒入羊肚丝中，浇入红油，放入青、红椒丝即可。

Olivia美食记录

1. 如果买的是全熟或半熟的净羊肚，回来稍煮去除腥味即可；如果是生羊肚，需要用玉米淀粉反复搓洗干净，煮熟在汤中浸泡一晚去腥。
2. 花椒、白胡椒粉都是去腥利器，苹果片也能起到去腥提香的作用。
3. 蒜可以多用一些，用刀拍扁后切成末，蒜香味更足；蒜末炒出香味后即可出锅，不要爆得太干。

猪肉

牛羊肉

鸡鸭肉

鱼虾

其他

酱牛肉

🍲 原料

牛腱肉1000克

🍲 调料

大葱1根，姜1块，香叶2片，八角2个，花椒20粒，干山楂3个，盐5克，生抽30毫升，黄豆酱120克，料酒30毫升，小茴香、五香粉少许

做法

① 牛腱肉去筋膜，洗净。

② 切成长15厘米左右的大块。

③ 放入生抽、黄豆酱、料酒、五香粉和盐，腌7~8小时。

④ 八角、花椒、香叶和小茴香放入调料盒或用纱布包起来。葱切段，姜切片备用。

⑤ 高压锅中放入适量冷水，放入肉块，大火煮开，撇去浮沫。

⑥ 放入葱段、姜片、山楂和调料盒，大火煮开，盖上锅盖。

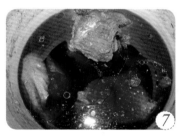

⑦ 上汽后转中火，炖1小时左右。

⑧ 关火，蒸汽放完后，打开锅盖，取出牛肉块晾凉。

⑨ 牛肉切片，搭配蘸料食用。

Olivia美食记录

1. 做酱牛肉选材很重要，一般选用牛腱肉。牛腱肉是牛腿部的肉，筋足肉厚。
2. 酱牛肉中的"酱"通常选择黄豆酱或甜面酱，上色的同时使肉酱香味十足。
3. 牛肉较厚，不易入味，制作前要充分腌一下。
4. 牛肉可以放入冰箱冷藏30分钟再切片，否则切片时肉容易散开。
5. 蘸料可以用酱油、醋和香油调制，也可以根据喜好用其他调料调制。

猪肉

牛羊肉

鸡鸭肉

鱼虾

其他

酱香牛仔骨

原料

牛仔骨400克

调料

洋葱半个，豆豉辣酱15克，黄豆酱20克，生抽10毫升，红酒15毫升，香葱2根，盐2克，白糖3克，黑胡椒粉、蒜适量，黄油少许

做法

① 牛仔骨切小块，放入少许红酒、盐和黑胡椒粉搅匀。

② 洋葱洗净切丝，香葱切葱花，蒜切末备用。

③ 牛仔骨连同料汁一起装入密封袋中。

④ 挤出袋内空气，使牛仔骨在料汁里腌1～3小时。

⑤ 平底锅烧热，放入黄油加热至熔化，倒入洋葱丝炒香，盛出铺满盘底。

⑥ 另起锅倒油，放入蒜末炒香，再放入豆豉辣酱、黄豆酱、生抽和白糖，翻炒后盛出。

⑦ 锅中倒少许油，放入牛仔骨中火煎制。

⑧ 表面微微变色后倒入剩余红酒，撒黑胡椒粉，两面煎熟。

⑨ 倒入酱汁，大火炒匀后盛出摆在洋葱丝上，撒上葱花即可。

Olivia美食记录

1. 如果牛仔骨是冷冻后，最好放入冰箱冷藏解冻，放入水中解冻不仅影响口感，还会造成营养流失。牛仔骨可放入冰箱腌制一晚第二天取出制作。要根据牛仔骨的厚度和大小调节煎制时间，煎制时间过长肉会变老。
2. 用黄油炒洋葱丝可使味道更香浓。豆豉辣酱和黄豆酱能使牛仔骨味道更浓郁。

猪肉

牛羊肉

鸡鸭肉

鱼虾

其他

烤羊肉串

原料

羊腿肉500克

调料

大葱1根，姜1块，黄酒30毫升，盐2克，生抽15毫升，白胡椒粉2克，孜然粉2克，辣椒面1克，油45毫升，椒盐适量

做法

葱切片，姜切丝，放入碗中加水浸泡成葱姜水。

羊肉去筋膜后切小块。

倒入适量葱姜水，放入黄酒、白胡椒粉、盐和生抽抓匀，腌20分钟。

加入15毫升油抓匀，继续腌10分钟。

羊肉块逐块穿在签子上。

表面刷一层油，撒椒盐、一半孜然粉和辣椒面。

放入预热至200℃的烤箱的中层烤8分钟，下面放接油盘。

取出翻面，表面再刷一层油，撒剩余孜然粉和辣椒面。

继续烤5分钟即可。

Olivia美食记录

1. 略带肥肉的羊腿肉烤出来更香、更好吃。加入彩椒、洋葱、香菇等蔬菜，还可以做成什锦烤串。
2. 烤串放入烤箱前刷一层油可以锁住肉中的部分水分，避免烤后过干。不同烤箱温度会有差异，要根据实际情况调节烤制时间。

老北京烤肉

🍲 **原料**

牛肉300克

🍲 **调料**

香菜5～6根，大葱1根，姜1小块，黄酒10毫升，生抽15毫升，盐2克，白糖3克，白胡椒粉2克，蛋清少许

🍲 做法

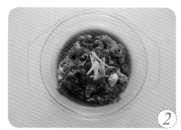

① 牛肉切成2毫米厚的薄片放入碗中，姜切丝。

② 放入黄酒、生抽、盐、白糖、白胡椒粉和姜丝。

③ 放入蛋清，用手抓匀，冷藏30分钟左右。

④ 大葱取葱白部分切片，香菜洗净切段备用。

⑤ 厚底平底锅烧热，倒油烧至七成热，倒入牛肉片用大火爆炒。

⑥ 用筷子快速拨散牛肉片，变色时立即盛出。

⑦ 倒出锅中多余汤汁，锅烧干后再次放入肉片，炒至边缘微焦后盛出。

⑧ 另起锅倒油，放入葱片炒香。

⑨ 倒入牛肉片，翻炒均匀。

⑩ 出锅前加香菜段。

Olivia美食记录

1. 制作这道菜，选择牛肉很关键，最好选用俗称"和尚头"的部位制作。如果喜欢吃羊肉，也可以用羊肉代替。
2. 腌肉时可以加一点儿白糖提鲜。葱和香菜入锅翻炒几下即可，炒久了外形和口感都不好。

炖羊蝎子

🍲 原料　　🍲 调料

羊蝎子1000克

大葱1根，姜1块，料酒30毫升，花椒20克，孜然15克，八角2个，香叶2片，干辣椒5个，桂皮1段，甜面酱45克，老抽30毫升，盐15克，冰糖10克，香菜1根，枸杞适量

🍲 做法

羊蝎子洗净，放入清水中浸泡1小时左右，泡出血水。葱和香菜切段，姜切片备用。

取出羊蝎子放入炖锅中，加冷水没过羊蝎子，大火烧开煮3~5分钟。

高压锅中提前倒水加热，用筷子将羊蝎子逐个放入锅中。

水再次烧开后，轻轻撇去浮沫，倒入料酒。

孜然、花椒、八角、干辣椒和桂皮装入调料盒，再放入高压锅中。

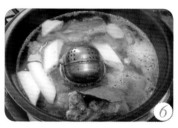

放入葱段、姜片和香叶。

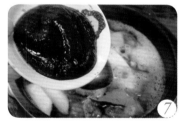

放入甜面酱、老抽和冰糖。

盖上锅盖，炖30分钟左右关火。

加盐调味，撒上枸杞和香菜段即可。

◢ Olivia美食记录 ▸

1. 羊蝎子就是羊脊骨，制作前要泡出血水，制作时加入花椒和孜然去腥。
2. 可以用普通锅炖羊蝎子，炖1.5小时左右，肉熟软即可。
3. 做好的羊蝎子吃完后，剩下的汤可用来涮菜和煮面，做成羊蝎子火锅——冬天这样吃最棒。

猪肉

牛羊肉

鸡鸭肉

鱼虾

其他

鹰嘴豆羊肉粒

🍲 **原料**

羊腿肉350克，鹰嘴豆80克

🍲 **调料**

洋葱半个，香菜3根，料酒20毫升，白胡椒粉1克，八角1个，
生抽25毫升，盐、白糖、水淀粉、香油适量

① 羊腿肉洗净去筋膜，切成1厘米见方的块。

② 放入白胡椒粉、少许油和10毫升料酒抓匀，腌20分钟。

③ 鹰嘴豆泡发洗净后，放入冷水锅中，加入八角和适量盐煮熟。

④ 捞出鹰嘴豆，挑出八角，沥干备用。

⑤ 洋葱切丁，香菜去根洗净切碎。

⑥ 炒锅烧热，倒油烧至五成热，放入洋葱丁爆香后，再放入羊肉块。

⑦ 大火炒匀，待羊肉变色后，放入鹰嘴豆翻炒1分钟。

⑧ 放入生抽、白糖、盐和剩余料酒，炒匀。

⑨ 沿锅边淋入水淀粉，大火收汁。

⑩ 出锅前淋入香油，撒上香菜碎即可。

Olivia美食记录 ▶

1. 选择细嫩的羊腿肉，切块后用料酒和白胡椒粉腌可以去腥。腌时加入食用油，这样炒出来的羊肉汁水充盈，口感细腻不干硬。

2. 鹰嘴豆外形尖如鹰嘴，味道清甜鲜美，是羊肉的绝佳伴侣。新疆独有的鹰嘴豆抓饭是羊肉和鹰嘴豆最常见的组合形式。

3. 鹰嘴豆不仅能帮助人体增加肌肉，还能补充纤维素、蛋白质、钙和叶酸等营养物质，是非常健康的瘦身食品。

猪肉

牛羊肉

鸡鸭肉

鱼虾

其他

芫爆百叶

🍲 原料

百叶350克

🍲 调料

香菜100克，大葱2段，蒜3瓣，料酒5毫升，醋10毫升，盐4克，白糖1克，白胡椒粉1克，香油适量

🍲 做法

1. 百叶放入盆中，用冷水浸泡30分钟后洗净，平铺在砧板上切成细条。

2. 香菜洗净去根，切成3厘米长的段，葱白切丝，蒜切片备用。

3. 料酒、盐、白糖、醋和白胡椒粉放入碗中调匀，制成调味汁备用。

4. 锅中倒入冷水烧开，放入百叶条汆5秒钟后，迅速捞出放入冷水中。

5. 百叶条凉后捞出沥干。

6. 炒锅大火烧热，倒油，放入蒜片、葱丝炒香。

7. 放入香菜段和焯好的百叶条。

8. 倒入调好的调味汁，大火快速炒匀。

9. 淋入香油，炒匀即可出锅。

Olivia美食记录 ▶

1. 挑选百叶时，要选择颜色透亮、略偏乳黄色的，纯白色的百叶通常经过人工处理，最好不要买。

2. 香菜、蒜和醋是为这道菜提味的重要法宝。为了节省时间，调味汁可以提前准备好，用的时候搅匀即可。

3. 百叶要快焯快炒——旺火爆炒10秒左右为宜，过度烹饪口感会变硬。

猪肉
牛羊肉
鸡鸭肉
鱼虾
其他

香菇牛筋煲

原料
卤牛筋350克，泡发香菇100克

调料
大葱1根，姜1小块，八角2个，花椒15粒，干辣椒2个，香叶1个，洋葱半个，料酒10毫升，老抽10毫升，生抽5毫升，红油3克，盐1克，白糖1克，醋、水淀粉适量

做法

卤牛筋冲洗干净，切成厚约2厘米的块。

葱和姜切片，洋葱切丝，干辣椒切段备用。炒锅烧热，倒油烧至五成热。

放入花椒、八角、干辣椒段和香叶炒香，再放入姜片和葱片爆香。

放入牛筋块，倒入料酒、老抽、生抽和醋，大火翻炒2分钟。

再放入香菇和洋葱丝炒熟，加盐和白糖翻炒均匀。

淋入红油炒匀。出锅前淋入水淀粉，汤汁浓稠后关火盛出。

Olivia美食记录

1. 鲜牛筋洗净后用牙签扎少许细孔，焯水去腥味，加入葱、姜、八角、香叶、桂皮和料酒等煮熟，卤牛筋就做好了。
2. 香菇的口感和牛筋非常配。做这道菜用鲜香菇和泡发的干香菇都可以。小朵的香菇不用再切。

白灼仔鸡腿

原料

鸡腿4个

调料

大葱1根，姜3片，蒜3～5瓣，料酒15毫升，蚝油10毫升，蒸鱼豉油40毫升，花椒30粒，干辣椒2个，红椒、香菜少许

做法

①

鸡腿洗净，表面用牙签扎几个小孔。

②

葱切段，姜切片，红椒洗净切小块，香菜洗净切段。

③

锅中放入鸡腿，加冷水没过鸡腿，放入葱段、姜片和蒜。

④

倒入料酒，大火煮5分钟左右。

⑤

盖上锅盖转小火，继续煮10分钟，关火。

⑥

取出鸡腿，晾凉后剁成块放入碗中。

⑦

炒锅烧热，倒油，放入花椒和干辣椒炸香，捞出不用。

⑧

鸡块中淋入蒸鱼豉油和蚝油，码好红椒块和香菜段，倒入热油。

Olivia美食记录

1.这道菜的做法与白切鸡的做法相似——都采用煮的方法。中途不要打开锅盖，煮好的肉更软烂入味。

2.炸花椒和干辣椒的油能起到提香的作用，花椒要炸到火候，颜色变深且炸出香味后再关火。

爆炒鸡胗

🍲 原料

鸡胗300克，青椒1个

🍲 调料

大葱半根，姜1小块，小米辣4个，剁椒酱30克，盐2克，细砂糖1克，料酒15毫升，生抽30毫升

🍲 做法

青椒洗净去蒂，切菱形块。小米辣洗净切圈，姜切片，葱切葱花。

鸡胗洗净去除表面杂质，在热水中氽30秒后捞出。

鸡胗晾凉后切薄片。

炒锅烧热，倒油烧至七成热，放入葱花、姜片和剁椒酱炒香。

倒入鸡胗和料酒，大火翻炒20秒。

放入青椒块、生抽、盐和细砂糖炒匀。

放入辣椒圈，翻炒30秒后出锅。

Olivia美食记录 ▶

1.清洗鸡胗时要撕去里面的黄色薄膜。
2.鸡胗氽后再切片比直接切片炒出来的味道更好。

板栗焖鸡

原料

三黄鸡1只，去皮板栗150克

调料

大葱1根，姜1小块，蒜3瓣，青椒1个，干辣椒2个，黄酒25毫升，酱油50毫升，白糖5克，腐乳汁、盐适量

🍲 做法

三黄鸡洗净，去除鸡头和鸡尖后剁成块。

鸡块放入碗中，加入15毫升黄酒，抓匀后腌20分钟。

青椒洗净切成菱形块，葱和姜切片。

炒锅烧热，倒油，放入葱片、姜片、蒜和干辣椒炒香。

倒入鸡块，大火翻炒2分钟。

淋入剩余黄酒，加入酱油、腐乳汁和白糖翻炒3分钟。

板栗放入锅中。

锅中加热水没过鸡块，大火煮开后转小火，加盖焖25分钟至鸡块熟软。

加入青椒块和盐炒匀，小火焖2分钟。

大火收汁即可。

Olivia美食记录

1. 制作板栗焖鸡最好选择肉质细腻易熟的三黄鸡，也可以用鸡腿肉。
2. 如果买的是生板栗，可以先用冷水浸泡1小时，再剥去外壳，撕掉板栗皮。板栗入锅后，尽量避免过多翻炒，轻轻晃动炒锅以保持其完整。

猪肉

牛羊肉

鸡鸭肉

鱼虾

其他

叉烧鸡腿

原料

鸡腿4个

调料

烤肉酱20克，叉烧酱30克，香葱2根，姜3片，料酒15毫升，老抽5毫升，腐乳汁、蜂蜜、黑胡椒粉适量

做法

①

鸡腿洗净，用牙签在上面扎一些孔，放入碗中。葱切段。

②

放入姜片、料酒、黑胡椒粉、老抽和葱段。

③

再放入叉烧酱、烤肉酱和少许腐乳汁，抓匀，盖上保鲜膜放入冰箱冷藏过夜。

④

烤箱预热至200℃，烤盘上铺锡纸，放上鸡腿烤20分钟。

⑤

取出烤盘，倒出汤汁，在鸡腿表面刷一层蜂蜜。

⑥

放入烤箱继续烤10分钟（鸡腿表面红亮、外皮较干即可）。

Olivia美食记录

1. 鸡腿最少腌制6小时——腌制时间越长越入味。可以提前将鸡腿放入冰箱腌制一整夜。
2. 烤鸡腿时，烤盘内要铺上锡纸，不然烤盘上滴落的汤汁加热后很难清洗。
3. 烤肉酱、老抽和腐乳汁都有咸味，所以做这道菜不用再加盐了。

脆皮鸭胸

原料

鸭胸肉250克

调料

海盐5克，黑胡椒碎适量

做法

鸭胸肉洗净，擦干，静置30分钟左右。

用刀在鸭皮表面划几道。撒上海盐和黑胡椒碎。

鸭皮朝下放入烧干的厚底平底锅中。

开大火，待温度升高、鸭皮开始出油后，转中火煎5分钟左右。

翻面再煎2分钟，移动鸭胸肉使其受热均匀。

取出后皮朝下放入烤盘。烤箱预热至200℃，上下火烤6分钟。

取出鸭胸肉皮朝上晾5分钟，切片食用。

Olivia美食记录

1. 制作前用刀在鸭皮上划几道，这样煎好的鸭皮更酥脆。一定要先煎鸭皮那一面，如果出很多油，可以倒掉一些油防止飞溅。黑胡椒碎最好现磨，用黑胡椒粉代替味道会差很多；如果没有海盐，可以用普通盐代替。
2. 鸭胸肉煎制前再撒盐，以免出水。撒好调料后，直接放入平底锅用大火煎，无须腌制。
3. 最好选择厚底平底锅煎肉，这样受热更均匀，保温效果也更好。

猪肉

牛羊肉

鸡鸭肉

鱼虾

其他

葱油鸡

原料

三黄鸡750克

调料

香葱20根，姜15克，盐20克，料酒15毫升

做法

三黄鸡洗净后放入盆中，两根香葱打结，姜切片。

去掉鸡头、鸡脖子和鸡尖后剖开，两面撒盐，腌35～40分钟。

锅中倒水，放入香葱结、姜片和洗净的香葱根，大火烧开。

放入三黄鸡，加料酒大火煮10～12分钟。

煮至用筷子轻松扎入，无血水溢出后关火，盖上锅盖，焖10分钟。

三黄鸡放入冰水中，使鸡皮和鸡肉快速收缩。

取出放入盘中。

剩余香葱洗净切段。锅中倒油，烧热，放入葱白段。

葱白段浮起时放入葱叶段，转小火将葱白和葱叶熬至表面呈金黄色，滤掉葱段，留下葱油。

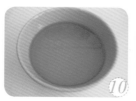

取适量葱油，与鸡汤混合均匀。

另起锅，放入适量盐翻炒，倒入葱油和鸡汤的混合汤料，大火烧开。

晾凉的鸡切大块，撒少许葱花，浇上葱油汤料即可。

Olivia美食记录

1. 三黄鸡皮薄肉嫩，在家庭食用鸡中颇受欢迎。葱油鸡、咖喱鸡和三杯鸡都可以用三黄鸡制作。

2. 鸡肉煮好用冰水浸泡后再切片，吃起来更嫩滑，不油腻。制作白斩鸡、口水鸡和沙茶鸡时也可以用这个方法处理。

3. 葱油的作用不容小觑，平时可以炸一大罐葱油备用。

猪肉

牛羊肉

鸡鸭肉

鱼虾

其他

大盘鸡

原料

三黄鸡1只，土豆2个，尖椒2个，西红柿1个，胡萝卜1个，洋葱半个（可选）

调料

啤酒2听，花椒20粒，干辣椒2个，香叶1片，八角2个，姜1小块，老抽30毫升，白糖15克，盐5克，香菜少许

做法

土豆、胡萝卜洗净去皮，切滚刀块，洋葱切块，西红柿洗净切块，尖椒洗净去籽切段，姜切片，香菜切末。

三黄鸡洗净，剁成4厘米左右的大块。

鸡块放入冷水锅中，水开后再煮2～3分钟，撇去浮沫，捞出沥干。

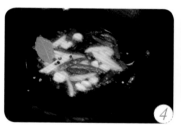

锅中倒油，放入花椒、干辣椒、香叶、八角和姜丝炒香。

倒入鸡块，大火翻炒2分钟。

倒入啤酒，没过鸡块即可。

放入老抽和白糖，开锅后盖上锅盖，小火炖20分钟左右。

放入土豆块、胡萝卜块、西红柿块和洋葱块，继续炖10分钟左右。

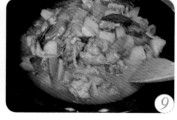

放入尖椒段，加盐转大火翻炒2分钟，关火撒上香菜末即可。

> **Olivia美食记录** ▶
>
> 1. 最好用三黄鸡制作这道菜。三黄鸡肉质鲜嫩，烹饪时间短。炖到最后要留一些汤汁。
> 2. 做这道菜时啤酒必不可少，啤酒不仅能去腥还能提味。如果嫌西红柿味道不够，可以用番茄酱代替。

猪肉

牛羊肉

鸡鸭肉

鱼虾

其他

风味鸡肉串

原料

鸡腿肉或鸡胸肉250克

调料

迷迭香25克，百里香25克，蒜末15克，洋葱1个，柠檬皮屑10克，橄榄油60毫升，盐、黑胡椒粉适量

做法

鸡腿洗净后擦干，剔去骨头。

鸡腿肉切成大小均匀的块，放入碗中。

洋葱去皮洗净，切碎。

碗中放入洋葱碎、蒜末、迷迭香、百里香、柠檬皮屑、盐、黑胡椒粉和15毫升橄榄油搅匀。

用手抓匀，腌1小时左右。

将鸡肉块穿在签子上。

平底锅中倒入剩余橄榄油，放入串好的鸡肉串，小火煎制。

鸡肉颜色变白后及时翻面，煎熟即可。

装盘，淋少许个人喜欢的调料即可。

Olivia美食记录

1. 柠檬皮可以去除肉的腥味，如果没有新鲜的柠檬皮，可以用柠檬汁代替。
2. 用平底锅煎出来的鸡肉串皮酥肉嫩，可与用烤箱拷出来的相媲美。
3. 这道菜非常好做，只要掌握好腌制时间，使鸡肉串充分入味即可。可以用同样方法制作牛肉串。

猪肉
牛羊肉
鸡鸭肉
鱼虾
其他

宫保鸡丁

🍲 **原料**

鸡胸肉300克

🍲 **调料**

大葱1根，花生200克，白糖15克，生抽
30毫升，水淀粉45毫升，料酒15毫升，
红油15毫升，干辣椒50克，花椒10克，
盐3克，醋、姜丝、蒜末少许

🍲 **做法**

鸡胸肉洗净擦干后切丁，放入
大碗中。

大碗中放入料酒、一半生抽和
一半水淀粉抓匀，腌20分钟。

姜切丝，蒜切末，干辣椒切小
段，葱切成1厘米长的小段。

小碗中加入盐、白糖、醋、红
油、剩余生抽和水淀粉搅匀，
制成宫保汁。

锅中倒油，中小火加热，五成
热时放入鸡丁，鸡丁变色后捞
出控油。

油温逐渐降至三成热时，放入
去皮的花生，小火炸至表面微
黄，捞出控油。

炒锅烧热倒油，依次放入花椒、
干辣椒段、姜丝和蒜末炒香。

放入葱段中火炒匀，再放入鸡
肉块。

倒入之前调好的宫保汁，待汤汁
浓稠后放入炸好的花生炒匀。

▶ **Olivia美食记录**

1. 鸡腿肉虽然细嫩，但需要去骨，所以就肉质和方便程度来说，鸡胸肉是不错的选择。

2. 花生低温炸制后更酥脆。炸好的花生最后放入菜中，这样才能保持其香脆的口感。宫保汁放一会儿
   后会有沉淀，所以倒入锅前需要再次搅匀。

猪肉

牛羊肉

鸡鸭肉

鱼虾

其他

虎皮凤爪

原料

鸡爪500克

调料

香葱2根，姜1小块，蒜3瓣，料酒15毫升，白醋20毫升，麦芽糖20克，八角1个，豆豉60克，生抽10毫升，蚝油15毫升，小米椒2个，盐、白糖适量

做法

1. 鸡爪用清水浸泡，洗净后剁去爪尖。

2. 锅中倒入冷水烧开，放入白醋和麦芽糖，再放入鸡爪，大火烧开，煮3分钟后捞出。

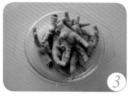

3. 晾至表皮完全变干。

4. 炒锅烧热，倒油烧至八成热。

5. 分次放入鸡爪，炸至表皮呈金黄色，微微出现虎皮褶皱时捞出。

6. 控油后放入冷水中浸泡1小时。

7. 豆豉剁碎，葱、姜、蒜和小米椒切末，料酒、生抽、蚝油、盐和白糖放入碗中搅匀。

8. 鸡爪捞出放入盘中，冷水时放入笼屉，水开后大火蒸20分钟。

9. 炒锅烧热倒油，放入豆豉碎，小火炒香，再放入葱末、姜末、蒜末、小米椒末和八角炒香。

10. 倒入调好的料汁，大火煮开后盛出。

11. 料汁倒入鸡爪中拌匀，再蒸1小时至鸡爪软烂。

Olivia美食记录

1. 煮鸡爪时加入麦芽糖和白醋能使鸡爪快速上色。
2. 焯过的鸡爪表皮一定要晾干，以免炸时爆油，用中小火炸并盖上锅盖（留稍许缝隙）可防止油溅出。
3. 炸过的鸡爪在冷水或冰水中浸泡1小时，虎皮纹会更明显。
4. 最好选个头较大、肉质肥厚的鸡爪做这道菜，这样啃起来更过瘾。

猪肉

牛羊肉

鸡鸭肉

鱼虾

其他

黄金翅根

原料

鸡翅根8～10个

调料

洋葱半个，料酒15毫升，盐2克，鸡蛋2个，面粉100克，面包糠100克，黑胡椒、干罗勒适量

做法

① 洋葱切丁。鸡翅根洗净，用刀在根部划一圈，切断筋膜。

② 顺着骨头把鸡肉推到翅根顶部，露出骨头，形成"肉锤儿"状。

③ 鸡翅根放入碗中，加入盐、黑胡椒、干罗勒、料酒和洋葱丁。

④ 用手抓匀后盖上保鲜膜，放入冰箱冷藏1～2小时。鸡蛋打散。

⑤ 腌过的鸡翅根先均匀地裹一层面粉。

⑥ 再裹一层蛋液。

⑦ 最后裹一层面包糠。

⑧ 鸡翅根放入盘中。

⑨ 炒锅烧热倒油，待油温六七成热时，放入鸡翅根，中火炸制。

⑩ 鸡翅根稍稍定形后再翻动，表面炸至金黄色时捞出。

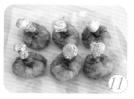

⑪ 用厨房纸巾吸去多余的油脂，在鸡翅根骨头的一端裹上锡纸，蘸甜辣酱食用。

Olivia美食记录

鸡翅根不吸油小妙招：

1. 鸡翅根炸制前均匀地裹一层面粉和蛋液可有效阻止吸入过多的油脂。

2. 鸡翅根炸至表面呈金黄色时，用筷子或漏勺捞出后再关火。

3. 炸好的鸡翅根放在厨房纸巾上吸去多余油脂。

猪肉

牛羊肉

鸡鸭肉

鱼虾

其他

黄焖鸡

🍲 原料

三黄鸡半只，冬笋100克，木耳15克，干香菇10个

🍲 调料

大葱半根，姜1小块，蒜3瓣，八角2个，桂皮1段，香叶2片，
干辣椒5个，老抽15毫升，黄酒10毫升，盐5克，黄冰糖1块，
白胡椒粉适量

三黄鸡洗净，剁去鸡头和鸡尖，切成大块，放入黄酒、白胡椒粉和部分盐腌20分钟。

木耳泡发。冬笋切滚刀块放入冷水中浸泡，多换几次水去除涩味。干香菇泡发洗净。

泡香菇的水过滤备用。姜、蒜切片，葱切片。

炒锅烧热倒油，放入鸡块，小火慢慢煸炒至鸡肉出油、表面呈金黄色时盛出。

锅中留少许底油，放入葱片、姜片、蒜片、干辣椒、香叶、八角和桂皮炒香。

放入木耳、香菇和冬笋块，大火翻炒2分钟。

倒入鸡块翻炒均匀，加入老抽翻炒上色。

倒入泡香菇的水，没过食材，大火烧开。

转中小火，放入黄冰糖和剩余的盐，盖上锅盖焖30分钟，最后大火收汁即可。

Olivia美食记录 ▶

1. 冬笋切块后放入冷水中浸泡，其间多换几次水；或者放入滚水中焯一下，这样可以有效去除涩味。

2. 泡发干香菇的水不要倒掉，过滤后倒入鸡块中可以增加菜的香味。如果香菇较大，可以先切块再炒，这样方便食用也更入味。

3. 鸡块煸炒后再焖，做出的成品颜色金黄，味道可口，适合搭配米饭食用。

猪肉
牛羊肉
鸡鸭肉
鱼虾
其他

酱香魔芋鸡翅

🍲 原料

鸡翅中300克，魔芋丝1盒

🍲 调料

大葱2段，姜1小块，蒜2瓣，盐3克，白糖2克，干辣椒2个，酱油15毫升，豆瓣酱30克，啤酒600毫升

🍲 做法

鸡翅中洗净后沥干，魔芋丝用清水浸泡，葱切葱花、姜切丝、蒜切片。

炒锅烧热，倒油，放入葱花、姜丝、蒜片和干辣椒炒香。

倒入鸡翅中，大火翻炒至表皮收缩、颜色微黄。

倒入20毫升啤酒去腥，再倒入酱油。

大火翻炒3分钟。

放入魔芋丝，转中火翻炒均匀。

放入豆瓣酱，倒入剩余啤酒（没过鸡翅），加盐和白糖调味。

盖上锅盖，中火焖20分钟，大火收汁即可。

Olivia美食记录

1. 制作这道菜不需要水，用啤酒代替水既去腥又提味。
2. 魔芋口感独特，味道鲜美，有减肥瘦身的功效，是有益的碱性食品。对食用过多肉类的人来说，多吃魔芋有益健康。

烤鸭腿

🗇 原料

鸭腿2个

🗇 调料

大葱2段，姜3片，盐3克，白糖8克，料酒15毫升，老抽15毫升，生抽15毫升，蚝油20毫升，黑胡椒粉1克，八角2个，花椒20粒，蜂蜜适量

🗇 做法

① 葱切片，鸭腿洗净擦干，放入除蜂蜜外的调料。

② 用手抓至鸭腿表面均匀地沾满调料。

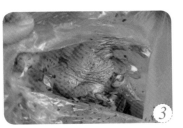

③ 鸭腿装入保鲜袋中，放入冰箱冷藏24小时。

④ 烤箱预热至180℃，取出鸭腿放在烤架上，下面放铺有铺纸的接油盘，上下火烤20分钟。

⑤ 取出鸭腿，在表面均匀地刷一层蜂蜜。

⑥ 放入烤箱继续烤45～60分钟，其间取出一两次，刷上蜂蜜后继续烤。

◢ Olivia美食记录 ▶

1. 鸭腿个头大，腌制和烤制的时间都比较长，要有耐心。腌制鸭腿的酱料可随个人喜好调整。
2. 刷蜂蜜可以使鸭腿更好吃，色泽更诱人。如果不喜欢甜口，可以用水稀释蜂蜜。
3. 不同烤箱温度会有差异，要根据实际情况调节烤制时间。用同样的方法还可以烤鸡腿、鸡翅、排骨和大虾等等。

猪肉

牛羊肉

鸡鸭肉

鱼虾

其他

烤全鸡

📋 原料

三黄鸡1只

📋 调料

大葱1根，姜1块，蒜3瓣，料酒30毫升，生抽45毫升，新奥尔良烤翅腌料50克

🍲 做法

三黄鸡洗净沥干，去掉鸡头、鸡脖、鸡尖和鸡爪，放入盆中。

葱切葱花、姜切片，蒜切末放入碗中，加入料酒和生抽搅匀，制成调味汁。

新奥尔良烤翅腌料加水调开。

调味汁和新奥尔良烤翅腌料均匀地涂抹在三黄鸡表面。

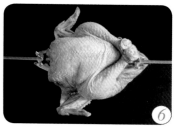

放入冰箱冷藏12小时以上。

取出三黄鸡，穿到烤叉上。

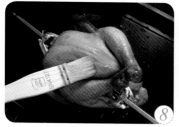

烤箱预热至200℃，上下火烤20分钟。

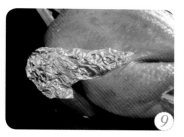

取出烤鸡，在表面均匀地刷两次调味汁。

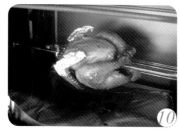

鸡翅易熟，用锡纸包好以防止烤焦。

放入烤箱继续烤20分钟后取出。

Olivia美食记录

1. 三黄鸡的重量最好控制在1000克以下，这样更方便入味和烤制。奥尔良腌肉料和水的比例为1∶1，腌制时间要保证在12小时以上。
2. 鸡翅和鸡腿容易烤焦，可以提前用锡纸包好。
3. 鸡穿在烤叉上烤受热更均匀，上色更好。如果没有烤叉，可以用烤盘烤制。具体烤制时间和温度根据鸡肉的颜色和熟度调整。

猪肉

牛羊肉

鸡鸭肉

鱼虾

其他

辣子鸡

🍲 原料

鸡腿2个

🍲 调料

干辣椒80克，花椒50克，生抽15毫升，盐3克，白糖5克，香葱2根，姜5片，料酒15毫升，白胡椒粉、白芝麻少许

🍲 做法

鸡腿洗净后剔去骨头，切丁备用。

加入盐、白胡椒粉和料酒抓匀，腌20分钟。姜切片，香葱切段，干辣椒切段备用。

锅中倒油，烧至六七成热，逐块放入鸡丁，炸至金黄色后捞出控油。

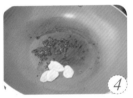

锅中留底油，放入花椒中火炒香，再放入姜片翻炒两分钟。

放入干辣椒段炒匀。

放入鸡丁翻炒3分钟。

倒入生抽和白糖，撒上葱段和白芝麻炒匀。

Olivia美食记录

1. 也可以用三黄鸡和童子鸡制作这道菜，鸡肉一定要去骨才更好吃。
2. 炸鸡丁时，最好用筷子夹着逐块放入锅中，炸至干香后再捞出。如果觉得鸡丁不够香酥，可以再炸一次。
3. 这道菜用的辣椒比较多，剩余辣椒可以留作他用。

啤酒鸭

🍲 原料

鸭腿2个

🍲 调料

大葱2段，姜3片，八角1个，盐3克，冰糖8克，老抽5毫升，生抽15毫升，啤酒500毫升

🍲 做法

鸭腿洗净，剁成小块，沥干。

炒锅烧热，倒油烧至五成热，放入姜片、八角和切好的葱片炒香。

倒入鸭块，大火翻炒均匀。

炒至鸭皮收缩、颜色发白，转中小火慢慢煸炒出鸭油。

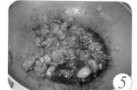

倒入老抽和生抽炒匀，使鸭肉上色入味。

倒入啤酒，没过鸭肉1厘米左右，再加入盐和冰糖。

盖上锅盖，中小火焖25～30分钟。

鸭肉熟软后，大火收汁即可。

◢Olivia美食记录

1. 做啤酒鸭的鸭肉不宜太肥，如果鸭肉上有厚油脂要提前剔除。炒鸭肉前，锅中加少量底油即可，因为鸭肉本身会炒出一部分油。
2. 用啤酒代替料酒和水可以去腥提味。

猪肉

牛羊肉

鸡鸭肉

鱼虾

其他

三杯鸡

原料

鸡腿2个，鸡翅中5个

调料

蒜4瓣，姜1小块，洋葱半个，红椒半个，生抽40毫升，老抽25毫升，米酒240毫升，胡麻油50毫升，九层塔20克，盐、白糖少许

做法

洋葱洗净切丝。姜切丝，蒜切末。红椒洗净去蒂，切菱形片。

鸡腿和鸡翅中洗净，剁成大小均匀的块。

锅中倒入冷水烧开，放入鸡肉块，撇去浮沫后捞出。

冷锅中倒入胡麻油，中火烧至七成热，放入洋葱丝、蒜末和姜丝爆香。

放入鸡块大火炒至表面微黄。

转中火，放入老抽和生抽，翻炒均匀。

放入红椒片，加入少许盐和白糖炒匀。

倒入米酒，大火烧沸后盖上锅盖转小火焖。

汤汁变稠快干时，放入九层塔翻炒几下出锅。

Olivia美食记录

1. 这道菜可以用整鸡制作，不过我认为用鸡腿和鸡翅中更好吃。用同样的方法也可以做三杯虾等。
2. 台湾产的胡麻油味道较好。九层塔长时间加热会失去香味，翻炒几下后应该立即出锅，或者关火后再放入菜中，盖上锅盖焖一下即可。

猪肉

牛羊肉

鸡鸭肉

鱼虾

其他

烧鸭掌

原料

鸭掌350克

调料

大葱2段，姜1小块，八角2个，料酒
30毫升，盐2克，冰糖10克，老抽30
毫升，生抽20毫升，金橘3个

做法

鸭掌洗净，剪去趾甲；葱一半
切段一半切片，姜切片。

鸭掌冷水入锅，放入葱段和一半
姜片，大火烧开后捞出沥干。

炒锅烧热倒油，待油温七成热
时放入葱片、八角和剩余姜
片，炒香。

放入鸭掌，大火炒匀。

倒入料酒、老抽和生抽，继续
翻炒2～3分钟。

加热水没过鸭掌。

放入金橘和冰糖，大火烧开。

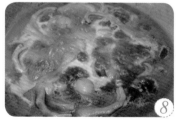

转小火，盖上锅盖，煮25分钟
左右。

加盐调味，大火收汁即可。

Olivia美食记录

1. 鸭掌洗净后剪去趾甲再焯水。
2. 鸭掌小火煮至酥软入味，再用大火收汁，煮沸的汤汁可以不断淋在鸭掌上使其更入味。
3. 金橘顶端切十字花刀，与鸭掌一起煮，可以增添果香，使菜的味道更丰富。

猪肉

牛羊肉

鸡鸭肉

鱼虾

其他

蒜香翅根

🍲 原料

鸡翅根10个

🍲 调料

蒜半头，姜1块，蚝油20毫升，生抽15毫升，料酒15毫升，五香粉3克，生菜2片，蜂蜜、椒盐适量

🍲 做法

① 鸡翅根洗净，用牙签在表面扎几个小孔。蒜切末、姜切丝。

② 料酒、蚝油、生抽、五香粉和椒盐放入碗中搅匀，调成腌汁。

③ 鸡翅根放入容器中，加入姜丝和蒜末，倒入腌汁。

④ 用手抓匀，使鸡翅根充分入味，放入冰箱冷藏12小时。

⑤ 烤箱预热至200℃，鸡翅根放在烤网上，刷一层蜂蜜。

⑥ 烤15分钟，鸡翅根逐个翻面，再刷一层蜂蜜。

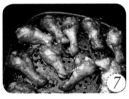

⑦ 继续烤10分钟至熟透，生菜洗净放入盘中，将烤好的鸡翅根码在生菜上即可。

◤ Olivia美食记录 ▶

1. 大小适中、肉质紧致的鸡翅中和鸡翅根是做这道菜的最佳选择，腌制时间要充分。
2. 放入适量的白酒、红酒或料酒，不仅去腥还能让鸡翅根更可口。
3. 要根据鸡翅根的大小和烤箱的实际情况调节温度。用同样方法还可以制作烤鱼、烤虾和烤排骨。

塔吉芋艿烧鸡翅

原料

鸡翅中8～10个，芋艿3个

调料

红椒、黄椒各半个，大葱1根，姜1块，米酒250毫升，老抽10毫升，生抽15毫升，盐3克，白糖2克，香菜末少许

做法

芋艿洗净去皮，切滚刀块。红、黄椒洗净切菱形片。

塔吉锅洗净擦干，中小火烧热倒油，放入切好的葱段和姜片炒香。

放入鸡翅中，两面小火慢煎3分钟。

放入芋艿块，中火翻炒均匀。

倒入老抽和生抽，翻炒上色。

加入米酒、盐和白糖。

盖上锅盖，中小火烧制25分钟至鸡翅中熟软。

放入红、黄椒片，翻炒5分钟收汁出锅，撒上香菜末即可食用。

Olivia美食记录

1. 为了使鸡翅中更入味，可提前在表皮斜切几刀。芋艿可选择个头小一些的，不用改刀。用米酒代替料酒能使鸡翅更入味。
2. 塔吉锅不要干锅加热时间过长，也可用其他炒锅做这道菜。

猪肉

牛羊肉

鸡鸭肉

鱼虾

其他

土鸡炖台蘑

🍲 原料

土鸡半只（1000克），干台蘑30克

🍲 调料

大葱1根，姜1块，八角2个，黄酒20毫升，盐5克

🍲 做法

① 土鸡洗净，剁成小块。

② 干台蘑泡发备用。

③ 葱切段、姜切片。

④ 砂锅中加冷水，放入鸡块，大火烧开后撇去浮沫。

⑤ 放入葱段、姜片和八角，倒入黄酒，盖上锅盖，转小火煲1.5小时。

⑥ 台蘑洗净，待鸡肉熟软后放入砂锅中。

⑦ 加盐，小火继续煲20分钟。

▶ Olivia美食记录

1. 台蘑泡发时多换几次水，可以用牙刷轻轻地刷根部，洗去不易清除的杂质。

2. 土鸡肉质紧实，不易煮软，要想快速炖烂，可以使用高压锅。

乌鸡固元汤

原料

乌鸡1只，当归2克，黄芪3克

调料

盐5克，料酒15毫升，姜10克，红枣3个，枸杞少许

做法

①乌鸡洗净剁成小块。当归、黄芪放入碗中加水浸泡，去除杂质。红枣洗净。

②取两口锅，分别注入足量冷水。乌鸡块放入其中一口锅中，倒入料酒大火煮开。

③用筷子逐个夹起焯好的乌鸡块，然后放入另一口干净的锅中。

④放入切好的姜片，大火烧开，撇去浮沫。

⑤放入当归、黄芪和红枣，盖上锅盖，转中小火煲2小时。

⑥加入枸杞和盐即可出锅。

Olivia美食记录

1. 乌鸡焯水后浮沫较多不易撇干净，最好用筷子夹起鸡块在沸腾的水里涮几下，这样杂质去得比较干净，也不需要额外冲洗鸡块了。
2. 当归和黄芪补气补血，非常适合滋补身体。红枣可以用金丝小枣代替，用量加倍即可。

猪肉

牛羊肉

鸡鸭肉

鱼虾

其他

香辣鸭舌

🍽 原料

鸭舌300克

🍽 调料

大葱半根，姜1小块，蒜3瓣，干辣椒20克，花椒20粒，老抽20毫升，生抽15毫升，盐5克，白糖2克，料酒15毫升

🍽 做法

葱切葱花，姜、蒜切片，干辣椒掰小段。

鸭舌洗净焯水，捞出后沥干。

炒锅烧热倒油，放入干辣椒段和花椒炒香，再放入一半葱花、姜片和蒜片炒香。

倒入鸭舌，加入料酒翻炒2分钟。

倒入老抽上色，调入生抽和白糖提味。

炒匀后，倒入开水没过鸭舌，大火烧开。

放入剩余的葱花、姜片和蒜片，盖上锅盖，转中火煮20分钟。

加盐调味，大火收汁后关火。

Olivia美食记录

鸭舌要反复搓洗干净后再焯水。

盐酥鸡

🍲 原料

鸡腿400克

🍲 调料

大葱1根，姜1块，黄酒15毫升，盐2克，白糖3克，生抽10毫升，颗粒状红薯淀粉、椒盐、白胡椒粉适量

🍲 做法

鸡腿洗净，用刀尖沿着鸡腿骨纵向划开剔出骨头。葱和姜切丝。

鸡肉切成大小均匀的块，放入碗中。

加入黄酒、生抽、盐、白糖、白胡椒粉、葱丝和姜丝抓匀，腌30分钟左右。

腌过的鸡肉块裹上颗粒状红薯淀粉。

锅中倒油烧热，油温六七成热时将鸡肉块逐个放入锅中，不时用筷子搅动以免粘连。

鸡肉块炸至金黄色时捞出，沥干多余油脂，撒椒盐食用。

◢ Olivia美食记录 ▶

这道菜还可以用鸡胸肉来做，但是口感稍差。鸡腿肉不要切得太小，因为烹制后会缩水。

猪肉

牛羊肉

鸡鸭肉

鱼虾

其他

香卤鸭翅

原料

鸭翅500克

调料

大葱1根，姜1块，蒜5瓣，花椒50克，干辣椒50克，香叶2片，十三香料包1个，黄酒15毫升，老抽15毫升，生抽20毫升，卤水汁60毫升，冰糖10克，盐适量

做法

鸭翅用清水浸泡后洗净。葱和干辣椒切段，姜和蒜切片。

鸭翅冷水入锅，加入少许黄酒、葱段和姜片。

大火煮开后捞出鸭翅沥干。

炒锅烧热倒油，放入花椒和干辣椒段炒香，再放入蒜片、香叶、剩余的葱段和姜片炒香。

倒入足量水没过鸭翅。

加入生抽、老抽、卤水汁、十三香料包和冰糖，大火烧开，煮10分钟。

放入鸭翅。

大火烧开后转中小火，盖上锅盖煮20～25分钟。

加盐调味，煮好的鸭翅在锅中浸泡3～4小时后捞出。

Olivia美食记录

1. 鸭翅上杂毛较多，焯熟后拔除更容易。
2. 用老汤代替清水做起来更简单。如果没有老汤，就要保证火候足、浸泡时间长——延长浸泡时间可以使鸭翅更入味。
3. 盐可以在最后浸泡鸭翅时放入。卤汤可用来卤制其他食物，自然冷却后，放冰箱冷藏保存。

猪肉
牛羊肉
鸡鸭肉
鱼虾
其他

杨梅烤翅

🍲 原料

鸡翅中10个，新鲜杨梅6～8个

🍲 调料

盐3克，蜂蜜15毫升，杨梅酒30毫升，柠檬皮少许

🍲 做法

①

鸡翅中洗净后倒入杨梅酒，腌10分钟去腥。

②

杨梅洗净，切下果肉并碾碎，柠檬皮刨丝，放入盛有鸡翅的碗中。

③

放入盐，抓匀后盖上保鲜膜，放入冰箱冷藏2～3小时。

④

腌过的鸡翅中放入铺有锡纸的烤盘中。

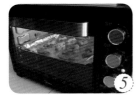

⑤

烤箱预热至200℃，烤盘放入烤箱中层，上下火烤12分钟。

⑥

取出烤盘，倒掉汤汁，在鸡翅中表面刷上一层蜂蜜。

⑦

放入烤箱继续烤8～10分钟，鸡翅中表面呈金黄色即可。

▶ Olivia美食记录 ▶

1 腌制鸡翅中时加入杨梅酒，不仅去腥还能增添果香味。制作杨梅酒很简单：杨梅洗净晾干放入密封瓶中，加入适量冰糖，倒入度数较低的白酒没过杨梅和冰糖，密封保存2～3个月即可。

2 腌制时如果怕鸡翅不入味，可以用竹签或牙签在鸡翅上扎几个小孔。

白灼大虾

🍲 **原料**

鲜虾500克

🍲 **调料**

白酒20毫升，生抽15毫升，醋10毫升，葱、姜适量，香油
少许

🍲 做法

① 提前准备好冰水。

② 姜洗净切片，葱切段。

③ 用牙签挑出虾线，剪去虾须和虾枪，洗净备用。

④ 炒锅烧热倒油，放入姜片和葱段炒香。倒入白酒调出香味。

⑤ 加入冷水，大火烧开。

⑥ 水沸后放入处理干净的虾。

⑦ 虾变色后，灼1分钟捞出。

⑧ 快速放入冰水中冷却，捞出沥干盛盘。

⑨ 生抽、醋和香油放入碟中搅匀，制成料汁，蘸食即可。

Olivia美食记录 ▶

1. 葱和姜能很好地去除海鲜的腥味。加少许白酒灼出的虾味道更鲜美。料汁可以根据口味调制。

2. 虾放入锅中后不要过多翻动，以保持完整。

3. 有3种清理虾线的方法。掰头法：轻掰虾的头部，可以看见黑色的"胃"，它连接着整根虾线，用竹签挑起，轻轻拽出即可。挑出法：用牙签在虾背的第二个关节处扎入，向上轻轻一挑，便可带出整条虾线。开背法：用剪刀沿虾的背部剪开，挑出虾线即可。前两种方法保持了虾的完整，更适合新鲜的虾；如果为了快速入味，可以采用第三种方法。

猪肉

牛羊肉

鸡鸭肉

鱼虾

其他

菠萝咕咾虾

🥘 原料

鲜虾250克，菠萝3片

🥘 调料

番茄酱30克，醋5毫升，料酒15毫升，白糖2克，盐3克，青椒、红椒各半个，干淀粉20克，蛋清、面粉适量

🥘 做法

青椒和红椒洗净去蒂后切片，菠萝切成青椒片大小。

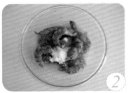

鲜虾去虾线、去壳，洗净后放入料酒、蛋清、15克干淀粉和1克盐抓匀，腌10分钟。

番茄酱、醋、白糖、水和剩余干淀粉调一碗调味汁备用。

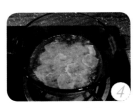

锅中倒油，小火烧至八成热，将腌过的虾裹一层面粉放入锅中炸至微黄捞出。

另起锅，倒油烧至五成热，放入青椒片和红椒片炒熟。

放入菠萝片，倒入虾球，加剩余盐快速翻炒。

倒入提前调好的调味汁，翻炒均匀即可。

◤Olivia美食记录▷

1.菠萝易熟，炒久了会变酸，加入调味汁炒匀后快速出锅。

2.调味汁要提前准备，这样可以节省烹制时间。

风味小烤鱼

🍲 原料

小黄花鱼500克

🍲 调料

大葱1根，姜1块，蒜3瓣，香菜2根，盐3克，白糖2克，料酒25毫升，生抽20毫升，黑胡椒、蜂蜜、椒盐适量，白芝麻少许

🍲 做法

①

小黄花鱼处理干净后放入碗中。加入切好的姜丝、蒜末和葱段。香菜洗净切末。

②

加入料酒、生抽、黑胡椒、盐和白糖搅匀，盖上保鲜膜冷藏4小时。

③

在腌过的鱼身两面用刀划几道，再用金属签穿起来。

④

在鱼身两面分别刷一层蜂蜜，撒一层椒盐。

⑤

烤箱预热至200℃，烤盘上铺一层锡纸，放入黄花鱼烤15分钟。

⑥

翻面，再刷一层蜂蜜，继续烤5分钟，取出放入盘中撒上白芝麻和香菜末。

▶ Olivia美食记录 ▶

　　烤鱼时会有汁水流出，所以烤盘上要铺一层锡纸。不同烤箱温度会有差异，要根据实际情况调节温度和时间。

猪肉

牛羊肉

鸡鸭肉

鱼虾

其他

剁椒鱼头

🍲 原料

鱼头1个

🍲 调料

剁椒250克，小米椒5个，泡姜2小块，香葱5根，蚝油10毫升，蒸鱼豉油80毫升，白胡椒粉3克，白酒少许

做法

鱼头冲洗干净后纵向剁开，平铺在案板上。

香葱3根切段，2根切葱花。小米椒洗净切碎，泡姜切片。

鱼头放入盆中，两面分别用蚝油抹匀，倒入白酒、白胡椒粉、泡姜片和香葱段，腌20分钟。

小米椒碎放入剁椒中拌匀。

挑出腌鱼的泡姜片和香葱段放入蒸鱼盘中。

腌过的鱼头平铺在盘中。

撒上剁椒，淋上蒸鱼豉油。

蒸锅中倒入足量冷水，放入鱼头，盖上锅盖，大火煮开后转中火蒸15分钟。

撒上葱花，浇上热油。

Olivia美食记录

1. 鱼头较大不容易剁开，可以在买时请人代劳。鱼头太大的话不容易入味，而且蒸起来不好选容器，所以大小适中即可。
2. 腌鱼头时，要把各种调料在鱼头上抹匀，再进行腌制。
3. 市售的瓶装剁椒有的较咸，如果特别咸可以将剁椒的水攥净，在清水中浸泡一下再用。
4. 鱼头最好选用胖头鱼的，市面上的胖头鱼个头较大，单条重量七八斤的鲤鱼和草鱼的鱼头也可以用来做这道菜。

猪肉

牛羊肉

鸡鸭肉

鱼虾

其他

干锅香辣蟹

🍲 原料

螃蟹4只，香菇5个，西兰花半个，娃娃菜2棵，莲藕1段

🍲 调料

葱2段，姜3片，蒜3～5瓣，花椒20粒，麻椒20粒，干辣椒5个，香叶1片，辣椒酱30克，豆瓣酱10克，干淀粉15克，盐、白糖、白酒、香菜适量

1

娃娃菜叶洗净切成两半，香菜洗净切末。

2

香菇洗净切大块，西兰花洗净掰成小朵，莲藕去皮洗净切片。

3

螃蟹外壳洗净，去腮和内脏后如图切开。

4

放入碗中，加白酒腌10分钟。

5

表面裹上干淀粉。

6

锅烧热，倒油烧至七八成热时放入螃蟹，炸至变黄时捞出，将油滤出倒入炒锅。

7

炒锅烧热，放入花椒、麻椒和干辣椒炒香，再放入姜片、蒜、香叶和切好的葱段炒香。

8

倒入螃蟹，大火炒匀。

9

放入除香菜外的蔬菜，继续大火翻炒。

10

蔬菜炒软后放入辣椒酱、豆瓣酱、盐和白糖炒匀，再放入香菜末即可出锅。

Olivia美食记录

1. 螃蟹的腮和内脏含有大量细菌和毒素，要提前处理干净。
2. 蟹块裹上干淀粉炸能更好地锁住螃蟹本身的味道。
3. 做这道菜用河蟹和海蟹都可以，用大闸蟹就有点浪费了。配菜可以根据个人喜好选择。

猪肉

牛羊肉

鸡鸭肉

鱼虾

其他

干炸带鱼

🍲 **原料**

带鱼300克

🍲 **调料**

大葱半根，姜1块，蒜4瓣，料酒20毫升，生抽10毫升，盐3克，花椒10粒，白胡椒粉、干淀粉适量

🍲 **做法**

带鱼洗净，去头去尾清除内脏，切成8厘米长的大段，葱、姜、蒜切片。

放入料酒、生抽、盐、葱、姜片和蒜片，撒白胡椒粉和花椒搅匀，腌1小时。

带鱼表面裹薄薄的一层干淀粉。

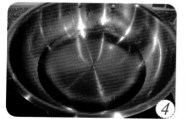

炒锅烧热，倒油烧至六七成热时放入带鱼。

带鱼定形后再翻面，中小火将带鱼炸至两面呈金黄色时捞出。

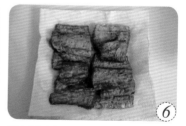

用厨房纸巾吸去多余油脂。

Olivia美食记录 ▶

1. 带鱼比较腥，腌制前要刮去表面白霜，去除腹内黑膜。
2. 干炸带鱼还可以加工成糖醋带鱼或红烧带鱼。

黄酒焖虾

🍲 原料

鲜虾300克

🍲 调料

香葱3段，姜2片，蒜3瓣，黄酒60毫升，盐3克，白糖3克，生抽15毫升，蒸鱼豉油15毫升，白芝麻少许

🍲 做法

① 鲜虾剪去虾枪和虾须，用牙签挑出虾线，洗净后沥干。

② 姜切片，葱切葱花，蒜切末。

③ 炒锅烧热，倒入比炒菜稍多一些的油。

④ 油五成热时，放入葱花、姜片和蒜末炒香。

⑤ 倒入大虾，大火炒匀，虾变色后沿着锅边倒入黄酒，快速盖上锅盖焖1分钟。

⑥ 打开锅盖，继续大火翻炒，加入盐和白糖。

⑦ 倒入生抽和蒸鱼豉油。

⑧ 大火收汁，汤汁浓稠后，撒上白芝麻即可。

Olivia美食记录

黄酒倒入锅中后，要迅速盖上锅盖焖一下，这样既能避免黄酒快速蒸发，还能为虾去除腥味。

猪肉

牛羊肉

鸡鸭肉

鱼虾

其他

红烧罗非鱼

🍲 原料

罗非鱼1条

🍲 调料

大葱半根，姜1小块，蒜3瓣，八角2个，料酒20毫升，生抽15毫升，老抽25毫升，醋10毫升，冷水500毫升，盐3克，白糖少许，面粉适量

🍲 做法

① 大葱切段，姜和蒜切片。

② 罗非鱼清理干净后，用刀在鱼身两面分别划几道。

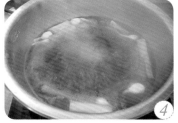

③ 罗非鱼抹上盐和料酒，放入葱段、蒜片、姜片和八角，腌30分钟左右。

④ 取出罗非鱼，腌料中倒入冷水、老抽和生抽，大火烧开。

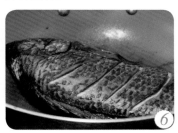

⑤ 用厨房纸巾将鱼擦干，裹上一层面粉。

⑥ 炒锅烧热，倒油烧至七成热时，放入罗非鱼，两面煎成金黄色。

⑦ 煮好的汤汁倒入炒锅中，没过鱼身，大火烧开。

⑧ 撇去浮沫后，放入醋和白糖，转中小火继续烧20分钟左右。

⑨ 大火收汁，将鱼盛出，浇上浓汁即可。

Olivia美食记录

1. 罗非鱼比较腥，在煎鱼或者炖鱼时倒入醋有助于去腥提味。
2. 炖鱼时倒入腌汁能使鱼更香、更入味。
3. 煎鱼不破皮的小窍门在于锅要提前烧热、鱼身表面没有水分和裹一层面粉，掌握这3点一定能煎出皮完整的鱼。
4. 汤汁勾芡后味道更香浓。

家常烧鱼块

🍲 **原料**

鲤鱼1000克

🍲 **调料**

大葱1根，姜1块，八角2个，花雕酒30毫升，老抽45毫升，绵白糖30克，盐8克，面粉15克，香醋适量

🍲 做法

葱切段、姜切片备用。

鲤鱼去除内脏和鳃，刮去鱼鳞，清洗干净，剁成8厘米长的块。

放入葱段、姜片和八角。

放入15毫升花雕酒、15毫升老抽和3克盐抓匀，腌20分钟。

炒锅烧热，倒油烧至八成热。

鱼块沾一层面粉后放入锅中。

中火煎至两面呈金黄色，倒入醋、剩余花雕酒和老抽，加入腌鱼用的葱段、姜片和八角炒匀。

锅中加入热水没过鱼块，放入白糖和5克盐，大火烧开。

转中火，慢炖35分钟，其间不断将汤汁淋到鱼块上，使鱼块充分入味。

Olivia美食记录 ▶

1. 提前腌制、炖时用勺子不时淋汤汁和长时间慢炖，都可以使鱼肉更好地入味。
2. 葱、姜、花雕酒和醋都能去腥，花雕酒和醋要沿着锅边快速倒入，使鱼块完全吸收香味。
3. 烹制期间不要随意翻动鱼块，否则鱼肉容易碎，俗话说"千滚豆腐万滚鱼"，鱼肉越炖越香。

猪肉

牛羊肉

鸡鸭肉

鱼虾

其他

鲫鱼萝卜煲

原料

鲫鱼2条，白萝卜半根

调料

黄酒15毫升，盐3克，香葱3根，姜1小块，香菜2根，白胡椒粉少许

做法

鲫鱼去除腮和内脏，刮鳞，去除腹内黑膜后冲洗干净。

香葱洗净打结，姜切片，香菜留根洗净备用。

白萝卜洗净后去皮切丝。

炒锅烧热，倒油烧至五成热，放入白萝卜丝翻炒1分钟后盛出。

鲫鱼两面分别用刀划几道，用厨房纸巾擦干。

用姜片擦拭平底锅，倒油，将姜片小火炒香。

放入鲫鱼，中小火将鱼两面煎至微黄色。

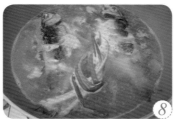

放入黄酒和香葱结，倒入热水，大火烧开后撇去浮沫。

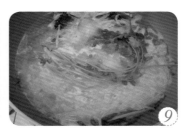

转中小火，煮至鱼汤变白，放入白萝卜丝、香菜和盐，煮15分钟后关火，加白胡椒粉调味。

Olivia美食记录

1. 提前炒过的萝卜丝能去除辛辣感，味道微甜。
2. 鲫鱼有土腥味，一定要去除腹内黑膜；香菜洗净后保留根部与鱼同煮也能起到去腥的作用。
3. 煎鱼不破皮的小妙招：擦干鱼身水分、用姜擦拭锅底和将锅烧热。
4. 民间有"冬鲫夏鲤"一说，鲫鱼富含大量优质蛋白质，好消化易吸收，还有健脾养胃的作用，冬季是吃萝卜的好时节，鲫鱼搭配白萝卜煲一锅奶白色的汤，润燥又滋补。

猪肉

牛羊肉

鸡鸭肉

鱼虾

其他

酱焖嘎牙子

原料

嘎鱼750克

调料

大葱2段，姜1小块，干辣椒2个，八角1个，豆瓣酱60克，黄豆酱60克，香菜2根

做法

1. 嘎鱼去除鳃和内脏，洗净备用。

2. 葱切葱花，姜切片。

3. 炒锅烧热倒油，放入葱花、姜片、八角和干辣椒，炒香。

4. 放入豆瓣酱和黄豆酱，中小火快速炒匀。

5. 锅中倒入冷水，大火烧开。

6. 逐条放入嘎鱼，大火烧开后转小火，盖上锅盖焖12分钟。

7. 待汤汁浓稠、嘎鱼熟透后关火，撒上香菜即可。

Olivia美食记录

1. 炒酱时火不要太大，中小火快速翻炒，否则容易煳锅；锅中不要加太多水，汤面与鱼身齐平即可，水太多酱香味会变淡。
2. 嘎鱼肉质细嫩，不用提前煎炸，直接焖即可。根据个头大小调整烹制时间，最好不要超过15分钟。
3. 想让鱼不碎又入味，烹制时就要少翻动，关火后让鱼在锅里焖一会儿再出锅。

椒盐皮皮虾

🏺 原料

皮皮虾500克

🏺 调料

大葱2段，姜1小块，料酒15毫升，小米椒2个，朝天椒2个，椒盐4克

🏺 做法

①

皮皮虾放入盆中，用流水反复冲洗干净，取出后沥干。

②

葱和姜切片，小米椒和朝天椒洗净后切圈。

③

锅中倒油，大火烧至七成热，放入皮皮虾，中火炸至变色、表皮酥脆后捞出控油。

④

炒锅烧热，倒入少许炸虾的油，放入葱片和姜片煸香。

⑤

放入皮皮虾，沿锅边淋入料酒，放入辣椒圈。

⑥

撒上椒盐炒匀即可。

Olivia美食记录

1. 母皮皮虾个头比公皮皮虾小，脖颈处有一个白色的"王"字，而公皮皮虾的脖颈处有一对细长的小须子。
2. 炸虾的油冷却后可以滤掉料渣，用来炒菜。皮皮虾不宜久炸，表皮变脆后应立即捞出。

开屏鲈鱼

🍲 原料

鲈鱼1条

🍲 调料

小米椒3个，朝天椒2个，香葱3根，大葱1段，姜1小块，蒜3瓣，生抽15毫升，蒸鱼豉油20毫升，白糖10克，盐5克，料酒15毫升

🍲 做法

鲈鱼去除腮和腹内黑膜，用流水冲洗干净，沿胸鳍的位置剁下鱼头，剁掉鱼尾。

在鱼背侧切1厘米厚的薄片，鱼腹部不切断。

鱼肉展开整齐地码入盘中，鱼头和鱼尾放在中间。

小米椒和朝天椒洗净切段，蒜切末，姜和大葱切片，香葱切葱花备用。

鱼肉上撒2克盐，放上葱片和姜片，冷水入蒸锅，上汽后大火蒸8分钟关火，焖2分钟。

炒锅烧热，倒油烧至五成热，放入蒜末和部分辣椒段炒香。

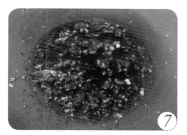

放入料酒、生抽、蒸鱼豉油、白糖和剩余盐炒匀。

取出蒸好的鱼，此时鱼肉变色、鱼眼变白并突出。

挑出葱片和姜片，用葱花和剩余辣椒段做装饰。

炒好的料汁淋到蒸好的鱼肉上即可。

Olivia美食记录

1. 鲈鱼切片后外形更加美观，淋入料汁后更易入味。这道菜适合作为宴客菜招待亲朋好友，能为节日增添热闹的气氛。
2. 切片时，要保证鱼腹部不切断，片不要切得太厚，否则不易入味且造型不美观。
3. 料汁可以根据个人口味调整。

焖酥鱼

🍲 **原料**

小鲫鱼6～8条，白萝卜半根，白菜适量

🍲 **调料**

大葱1根，姜1小块，干辣椒2个，八角2个，黄豆酱40克，番茄酱30克，盐10克，白糖30克，醋100克，老抽15毫升，生抽15毫升，香油适量

1. 小鲫鱼刮去内脏后清洗干净，白萝卜切片，白菜叶洗净备用。

2. 葱切段，姜切片，干辣椒、八角、黄豆酱和番茄酱放入碗中备用。

3. 白萝卜片码在炖锅的底部，防止粘锅。

4. 洗净的小鲫鱼摆在白萝卜上。

5. 炒锅烧热，倒油烧至五成热，放入葱段、姜片、干辣椒和八角炒香。

6. 再放入黄豆酱和番茄酱，小火炒匀。

7. 倒入适量水，加入老抽、生抽、盐和白糖，大火烧开，煮10分钟。

8. 煮好的汤汁倒入炖锅中，完全没过鲫鱼，倒入醋。

9. 白菜叶码在最上层，盖上锅盖。

10. 选择高温慢炖功能，炖3小时左右，出锅前淋入香油即可。

Olivia 美食记录

1. 选择手掌长度的小鲫鱼最好。鱼身两面不用切开，经过高温慢炖之后更容易保持完整。
2. 醋能去腥还能软化鱼刺，可以多放一些。萝卜和白菜炖煮过后有鲫鱼和料汁的味道，非常好吃。

猪肉

牛羊肉

鸡鸭肉

鱼虾

其他

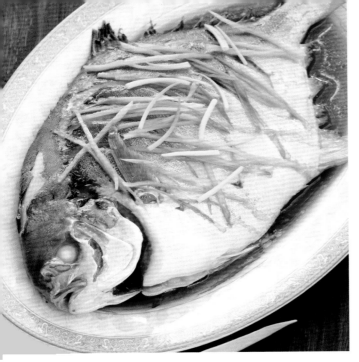

清蒸金鲳鱼

🍱 **原料**

金鲳鱼1条

🍱 **调料**

香葱3根，姜1小块，料酒15毫升，蒸鱼豉油25毫升，虾籽酱油10毫升，盐适量

🍱 **做法**

①

金鲳鱼去除腮和内脏后冲洗干净，鱼身两面用刀各划三道以便入味。

②

均匀地抹一层盐，倒入料酒，葱、姜洗净切丝，码在鱼身上。

③

蒸锅内倒入冷水，大火烧开，放入金鲳鱼中火蒸8~10分钟。

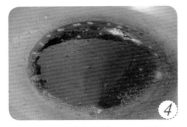
④

炒锅烧热，倒油烧至八成热后关火，倒入虾籽酱油和蒸鱼豉油搅匀。

⑤

料汁淋到蒸好的金鲳鱼上即可。

◥ Olivia美食记录

1. 鱼肉洗净擦干后蒸出来更紧实。鱼眼变白突起就说明鱼肉蒸熟了。
2. 蒸鱼豉油加热后再淋到鱼身上，否则会带出鱼腥味。金鲳鱼肉厚刺少，营养丰富，老少皆宜。

酥炸龙利鱼

🍲 **原料**

龙利鱼700克

🍲 **调料**

面粉200克，鸡蛋液150克，面包糠400克，泰式甜辣酱、盐少许

🍲 **做法**

① 龙利鱼洗净后擦干。

② 切成长约7厘米的块，加盐调味。

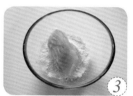

③ 鱼块表面均匀地沾一层面粉。

④ 再裹上一层鸡蛋液。

⑤ 放入面包糠中滚一圈。

⑥ 放入无水无油的盘中。

⑦ 锅中倒油烧至八成热，放入鱼块小火炸制，定形后用筷子搅动。

⑧ 两面呈金黄色后捞出控油，浇上泰式甜辣酱。

Olivia美食记录

1. 调料微甜微辣，能使鱼块的味道更丰富。炸好的鱼块一定趁热吃，新鲜又细嫩。
2. 炸鱼块时用中火或小火，随时观察颜色，表面呈金黄色时捞出。
3. 龙利鱼没有刺，肉质细腻，适合做给老人和孩子吃。

猪肉

牛羊肉

鸡鸭肉

鱼虾

其他

水煮鱼

🍲 原料

草鱼1条（1000克），黄豆芽200克

🍲 调料

大葱2段，姜1小块，蒜5瓣，料酒15毫升，花椒20克，麻椒20克，干辣椒20克，盐9克，蛋清1个，干淀粉、白胡椒粉适量

🍲 做法

1. 草鱼去除腹内黑膜后洗净，鱼头剁成两半，鱼身平放，用刀沿着鱼骨将鱼肉片下来。

2. 鱼皮朝下，切成厚5毫米左右的蝴蝶片展开。

3. 鱼主刺剁成段和鱼头放在一起，鱼片中放入蛋清、干淀粉、3克盐和少许料酒抓匀。

4. 姜切片、蒜拍散后切末、葱和干辣椒切段备用。

5. 黄豆芽洗净，放入沸水中汆3～5分钟，捞出放入宽口深碗或盆中。炒锅倒油，中火加热。

6. 油烧至六成热时放入花椒和麻椒，两分钟后放入干辣椒小火炸香，再放入葱段、姜片和蒜末炒香。

7. 鱼头和鱼片放入锅中翻炒几下，放入剩余料酒和盐。

8. 加热水没过鱼头，大火煮开。

9. 鱼头煮出香味后，逐片放入鱼片，煮至变色。

10. 鱼片变白后关火，撒白胡椒粉。

11. 另起锅倒油，放入干辣椒和花椒炸香，淋在鱼片上即可。

Olivia美食记录 ▶

1. 片鱼肉时会很滑，鱼身一定要擦干，一只手垫着厨房纸巾压住鱼身，另一只手持刀片鱼。
2. 腌鱼片时可以颠盆使鱼片沾满腌料，再用手抓匀。
3. 鱼肉易熟，变色后即可出锅，久煮容易碎。鱼片最好逐片放入锅中，分批捞出。

猪肉　牛羊肉　鸡鸭肉　鱼虾　其他

酸菜鱼

原料

草鱼1条（约1000克），酸菜400克

调料

大葱1根，姜1小块，蒜5瓣，料酒15毫升，干辣椒5个，花椒20粒，泡椒5个，蛋清、盐、白糖、白胡椒粉适量

🍲 做法

草鱼去腮、去鳞、去内脏，用清水洗净，剁下鱼头和鱼尾，用刀沿鱼骨片下鱼肉。

鱼肉片下来后，去掉腹内黑膜。

每片切成两半。

然后沿鱼尾到鱼头的方向，将鱼肉片成厚3毫米的鱼片。

鱼片放入碗中，加入料酒、盐和蛋清抓匀，腌20分钟。

鱼头剁成两半放入碗中，鱼排切块连同鱼尾一起放入另一个碗中。

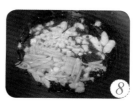

酸菜洗净切丝，姜切丝，葱和蒜切末，泡椒切碎备用。

炒锅加热，倒入食用油烧至七成热，放入花椒、干辣椒、姜丝、葱末和蒜末炒香。

放入酸菜大火炒匀。

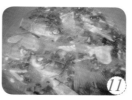

炒香后倒入水或高汤，盖上锅盖大火煮开。

放入鱼头、鱼尾和鱼排，加盐、白糖和白胡椒粉大火煮开，转小火煮5~8分钟。

煮熟后，将鱼头、鱼尾、鱼排和酸菜全部捞入碗中，分2~3次将鱼片放入锅中。

中火将鱼片煮2~3分钟，变白后捞出放入碗中，再倒入汤汁。

另起锅，泡椒炒香后关火，浇入酸菜鱼中即可。

Olivia美食记录

1. 要顺着鱼尾到鱼头的方向片鱼，不宜片得太薄，否则容易碎；也不要片得太厚，否则影响口感。
2. 酸菜本身有咸味，加盐之前要先品尝。
3. 草鱼肉鲜嫩、汤鲜美、微酸微辣，但刺较多，不喜欢的可以用龙利鱼来做。

猪肉
牛羊肉
鸡鸭肉
鱼虾
其他

香辣烤鱼

🍲 原料

鲤鱼1条（1000克）

🍲 调料

油35毫升，盐5克，椒盐5克，细砂糖15克，孜然粉15克，辣椒粉15克，黑胡椒粉5克

🍲 做法

① 鲤鱼清理干净，冲洗两遍。

② 用厨房纸巾擦干，剁去鱼头。

③ 沿鱼骨方向把鱼身两面整片片下来，放入盘中。

④ 两面均匀地撒上盐、椒盐、细砂糖、孜然粉、辣椒粉和黑胡椒粉，腌2小时。

⑤ 两面分别刷薄薄一层油。

⑥ 鱼皮朝下放入煎烤盘中，220℃煎烤8分钟。

⑦ 用木铲翻面，盖上锅盖，继续煎烤5分钟。

⑧ 打开锅盖，取出烤鱼再刷一层油，鱼皮朝下放回。

⑨ 继续烤2分钟即可。

Olivia美食记录 ▶

1. 烤鱼可以选择鲤鱼、草鱼和鲶鱼，重量在2~3斤的最佳。调料可以根据口味选择。
2. 烤鱼的关键在于腌制，腌制时间不要低于1小时。细砂糖用量不要减少，这样烤出来的鱼皮酥脆微甜非常好吃。
3. 可以用烤箱代替煎烤盘，具体烤制时间可以根据实际情况调整。

猪肉

牛羊肉

鸡鸭肉

鱼虾

其他

香辣盆盆虾

原料

鲜虾20只，西芹1根，黄瓜1根

调料

大葱1段，姜1小块，蒜4瓣，花椒30粒，干辣椒6个，郫县豆瓣酱40克，盐、白糖适量

🍲 做法

鲜虾洗净，剪掉虾须和虾枪，挑去虾线。

黄瓜洗净去皮，切4～5厘米长的段。西芹洗净，切成和黄瓜段一样长的段。

姜切片，葱切葱花，蒜切末，干辣椒切段。

炒锅烧热，倒油烧至五成热，放入虾半炒半炸至变色，捞出备用。

锅中留少许油，放入花椒和干辣椒段炒香，放入蒜末、葱花和姜片炒香。

放入郫县豆瓣酱炒出红油。

倒入热水或高汤，大火煮开，加入白糖和盐调味。

放入黄瓜段和芹菜段，煮1分钟左右。

倒入虾，煮开后关火。

捞出黄瓜段和芹菜段放入盆中，再码上虾，倒入汤汁即可。

Olivia美食记录

1. 可以用牙签挑出虾线，也可以用剪刀剪开虾的背部去除虾线。
2. 炸虾的油不用放太多，半炒半炸即可，剩余的虾油可以用来做菜。蔬菜可以根据口味搭配。
3. 虾不要煮得太久，否则虾肉会变老。如果喜欢吃辣的，可以先捞出蔬菜将大虾继续留在汤汁中浸泡一会儿。郫县豆瓣酱很咸，加盐之前先品尝。

猪肉

牛羊肉

鸡鸭肉

鱼虾

其他

蒜茸粉丝
北极虾

原料

北极虾250克，绿豆粉丝1把

调料

蒜茸15克，盐2克，尖椒1个，小米椒、香油适量

做法

1

粉丝用冷水泡开，再放入开水中煮2分钟，捞出后过冷水装盘。

2

北极虾用纯净水或凉开水冲洗，控水后码放在粉丝上。

3

尖椒和小米椒洗净后切片，放入盛有水的碗中。

4

加入蒜蓉、盐和香油搅匀，浇在北极虾上。

5

蒸锅加水大火烧开，北极虾放入笼屉，大火蒸3分钟后关火，出锅后撒上辣椒片做装饰。

Olivia美食记录

1. 这道菜适合用整只虾制作。
2. 如果买的是熟北极虾，要常温自然解冻或者冷藏解冻，不要用冷水或者热水浸泡，这样营养会流失，味道也不鲜美。

Part 5
其他

干锅兔腿

🍲 原料

新鲜兔腿 2 个，土豆1个，豆角、芦笋、金针菇、蟹味菇适量

🍲 调料

大葱1段，姜1小块，蒜5瓣，香叶2片，盐3克，白糖3克，料酒15毫升，生抽15毫升，花椒、茴香籽、干辣椒适量

① 姜一半切片，一半切丝。兔腿洗净剁块，放入料酒、姜片和5毫升生抽，腌20分钟。

② 土豆去皮切粗条，芦笋切段，豆角洗净掰成段后焯水，金针菇、蟹味菇洗净焯水备用。

③ 香叶、花椒、茴香籽和干辣椒放入碗中。葱切段、蒜切片。

④ 锅中倒油烧至七成热，兔肉放入锅中边炸边煸炒，八成熟时出锅。

⑤ 用同样方法煸炒土豆条，盛出备用。

⑥ 另起锅，倒少许油，放入姜丝、蒜片、葱段、花椒、干辣椒和香叶，大火爆香。

⑦ 倒入兔肉炒匀。

⑧ 放入土豆条和豆角，煸炒2分钟。

⑨ 放入金针菇、蟹味菇和芦笋，加入盐、白糖和剩余生抽调味。

⑩ 中火煸炒至食材变干、锅中没有水分为止。

Olivia美食记录

1. 蔬菜可以换成自己喜欢的，调料也可根据口味加入香菜和花生。
2. 中餐或晚餐来这么一道菜，搭配米饭吃，基本就不用做别的菜了。这道菜最适合夏天吃，是名副其实的"懒人菜"。
3. 菌类炒制时易出水，可提前焯水再下锅。

猪肉

牛羊肉

鸡鸭肉

鱼虾

其他

蚝汁鲍鱼

🍲 原料

鲍鱼6只

🍲 调料

蚝油40克，蒜3瓣，水淀粉20克，鸡汤200克，白糖、香油少许

做法

鲍鱼用盐水浸泡，用牙刷刷干净（肉和壳都要刷）。

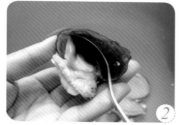

用勺子轻轻将鲍鱼肉抠出。

剥离内脏去掉脏东西。

清理好的鲍鱼肉切十字花刀，然后装入壳内。

蒸锅中倒水烧开后放入鲍鱼，中火蒸五分钟。

蒜切末。炒锅烧热倒油，放入蒜末炒香。

倒入蚝油，中火炒匀。

加入鸡汤或清水大火烧开。

放入白糖和水淀粉，转小火煮至汤汁浓稠。出锅前滴入几滴香油。

用小勺将蚝汁浇到鲍鱼上。

Olivia美食记录

1. 肉质肥厚的鲍鱼更好吃。鲍鱼清洗干净后，用勺子轻轻一撬就能脱离外壳，非常方便。
2. 蒸鲍鱼的时间要掌握好，蒸得太嫩或者太老都不好吃。如果用煮的方法，可以提前将处理好的鲍鱼用45℃的水浸泡10分钟左右，再放入鸡汤中煮20分钟即可。

猪肉

牛羊肉

鸡鸭肉

鱼虾

其他

酱爆花蛤

🍲 原料

花蛤1000克

🍲 调料

大葱半根，姜1小块，干辣椒2个，香菜2根，料酒25毫升，黄豆酱60克，盐少许

🍲 做法

花蛤泡入盐水中1~2小时，再用清水反复冲洗两三遍。

逐个刷净表面泥沙。大葱切片，姜切丝，干辣椒和香菜切段。

锅中倒入冷水烧开，放入花蛤余1分钟后捞出，此时花蛤微微开口。

炒锅烧热，倒油烧至五成热时放入葱片、姜丝和辣椒段，中火炒香。

放入花蛤，倒入料酒大火翻炒。

加入黄豆酱炒至花蛤开口即可。

出锅前加入香菜段和少许盐调味。

◢ Olivia美食记录 ▶

1.花蛤烹制前要用盐水浸泡1~2小时使其吐沙，在浸泡花蛤的水中滴几滴油，也能起到同样的作用。

2.花蛤提前用沸水余1分钟，确保更干净的同时也能避免炒制时出水。

3.花蛤肉质鲜嫩，用大火爆炒不可时间过长，以免肉质老化。

4.用同样的方法可以制作其他蛤蜊，喜欢吃辣的可以多放辣椒。

韭菜鲜鱿

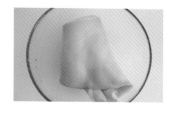

原料

鲜鱿鱼翅300克，韭菜50克

调料

蚝油10克，料酒15毫升，生抽10毫升，姜片、蒜片适量，盐、香油适量

做法

①

鱿鱼翅去除表面薄膜，洗净。

②

切成条状，下锅氽两秒钟，捞出沥干。

③

韭菜去根洗净，切成小段。

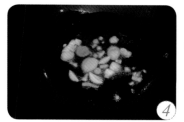

④

炒锅烧热，倒油烧至六成热，放入蒜片和姜片炒香后捞出。

⑤

放入韭菜段后立即放入鱿鱼条，倒入料酒、蚝油、生抽和盐，大火炒匀。

⑥

出锅前淋入香油即可。

Olivia美食记录

1. 鱿鱼的营养价值非常高，脂肪含量很低，适合怕胖的人食用。
2. 韭菜很容易炒熟，鱿鱼也氽过水，所以要快炒快翻快出锅，避免炒老影响口感。

猪肉

牛羊肉

鸡鸭肉

鱼虾

其他

菌菇烩驼筋

🍲 **原料**

骆驼筋500克，香菇6朵，杏鲍菇1个，蒜苗适量

🍲 **调料**

八角3个，料酒30毫升，生抽15毫升，老抽10毫升，盐3克，白糖3克，葱段、姜片、蒜、花椒适量，葱花、姜丝、蒜片、香油少许

🍲 做法

驼筋用清水浸泡24小时，取出清洗干净，剁成段，放入高压锅中加水浸没。

加入少许姜片、葱段和花椒，大火焖30分钟（关火后可继续浸泡2小时使其入味）。

取出驼筋清洗干净，去除多余油脂和杂质，放入洗净的高压锅中。

倒入清水，放入蒜、八角、20毫升料酒和剩余姜片、葱段、花椒焖20分钟左右，驼筋完全熟软无硬芯即可。

驼筋切小块，分袋放入冰箱中冷藏或者冷冻保存，分次食用。

蒜苗洗净切段备用。

香菇、杏鲍菇洗净切小块。

炒锅烧热，倒油烧至五成热，放入蒜片、姜丝和葱花炒香。

菌菇和驼筋放入锅中，倒入剩余料酒，大火炒匀。

放入蒜苗、生抽和老抽，加入白糖和盐炒匀，出锅前淋少许香油。

Olivia美食记录

1. 驼筋浸泡和焖两次才能软烂、无腥味。因为驼筋腥味较重，要仔细处理。可选择花椒水、料酒、黄酒或者啤酒去腥。

2. 处理好的驼筋可以红烧、凉拌或者搭配其他蔬菜炒制，但不能一次吃太多，否则容易上火。驼筋可以用牛蹄筋代替。

韩式辣炒鱿鱼

原料

鲜鱿鱼1条，红椒、黄椒各半个，洋葱1/4个

调料

韩式辣椒酱30克，辣椒粉1克，细砂糖1克，酱油15毫升，香葱、蒜、姜、盐适量

做法

鲜鱿鱼去除内脏和表面薄膜，清洗干净。

鱿鱼切开平铺，斜刀切十字花刀，每刀切至肉内2/3处，不要切断。

切成小片备用。

锅中倒入冷水烧开，放入鱿鱼汆一下，打卷后快速捞出。

红椒和黄椒洗净切条，洋葱和香葱切丝，蒜和姜切末。

韩式辣椒酱、辣椒粉、酱油和姜末放入碗中搅匀，制成料汁。

锅中倒油，放入蒜末、红椒、黄椒、洋葱和鱿鱼卷大火翻炒。

放入料汁，转中火继续翻炒。

放入适量细砂糖和盐调味，出锅前放入香葱丝。

Olivia美食记录

1. 做这道菜最重要的是制作调料。韩式辣椒酱是我们平时吃韩式拌饭时加的辣椒酱，超市有售。
2. 如果用糖浆，可以放在辣椒酱里一起搅拌；如果用细砂糖，可以直接放进菜里。辣椒酱和辣椒粉的用量根据个人口味调整。

猪肉

牛羊肉

鸡鸭肉

鱼虾

其他

麻辣馋嘴蛙

原料

牛蛙500克，青笋100克，丝瓜100克，香菇100克

调料

大葱1根，姜1小块，蒜3瓣，黄酒30毫升，干花椒20粒，郫县豆瓣酱60克，泡椒10个，蛋清1个，干淀粉25克，盐5克，白糖2克，白胡椒粉1克，鲜花椒适量

做法

牛蛙洗净剁小块，加入黄酒、蛋清、干淀粉、白胡椒粉和2克盐抓匀，腌1小时。

青笋去皮洗净切片，丝瓜去皮洗净切滚刀块，香菇洗净切块，葱、姜、蒜切末。

青笋、丝瓜和香菇依次焯水，放入盆中。

炒锅烧热，倒油烧至六成热，放入干花椒、葱末、姜末和蒜末炒香，加入豆瓣酱炒出红油。

倒入清水，放入糖和剩余的盐调味，大火烧开。

牛蛙放入锅中，大火煮开后再煮2～3分钟关火。

牛蛙连同汤汁倒入盆中。

另起锅，倒少许油，放入泡椒和鲜花椒炸香，浇在牛蛙上。

Olivia美食记录

1. 牛蛙不要剁得太小，因为加热后肉容易收缩。煮牛蛙的时间不能太长，否则肉容易变老和碎掉。
2. 郫县豆瓣酱和泡椒都有咸味，要根据口味加盐。鲜花椒可以用干花椒和麻椒代替。

泡椒墨鱼仔

🍲 **原料**

墨鱼仔400克，小黄瓜1根

🍲 **调料**

泡椒50克，泡姜1块，大葱1段，盐3克，白糖1克，水淀粉10克，醋10克，料酒15毫升，香油、柠檬汁少许

🍲 **做法**

用剪刀沿着墨鱼仔背部剪开，去掉内脏和硬壳，撕去表皮。

用食指和拇指捏住墨鱼仔须子下方，用力挤出中间的黑壳，再剪开眼睛，挤出黑色液体。

用流水冲洗干净后放入盆中，加入柠檬汁和1克盐抓匀，腌10分钟。

墨鱼仔放入烧至60℃的水中氽3秒，关火捞出。

泡椒底部剪开，泡姜切片，葱和黄瓜切片。

炒锅烧热倒油，放入泡姜片、泡椒和葱片炒香。

放入墨鱼仔，大火翻炒两下。

放入黄瓜片，加料酒、白糖、醋和剩余盐炒匀。

淋入水淀粉收汁，出锅前倒入香油。

Olivia美食记录

1. 清理墨鱼仔时从背部剪开能使其保持完整，炒好的墨鱼仔圆鼓鼓的十分可爱。
2. 氽墨鱼仔的时间不要太长，否则会变硬。炒制时也尽量缩短时间，如果怕肉变老，可以提前把料汁放入碗中，与墨鱼仔一起倒入锅中炒匀。
3. 剪开泡椒底部可以使味道释放得更彻底。

猪肉

牛羊肉

鸡鸭肉

鱼虾

其他

铁板鱿鱼

原料

鱿鱼1条

调料

料酒10毫升，黄豆酱15克，辣椒酱20克，椒盐1克，白胡椒粉1克，白糖1克，蒜味辣椒汁5毫升，姜2片

做法

① 鱿鱼去除内脏和表面黑膜后洗净，切成大小均匀的片，鱿鱼须切段。

② 放入料酒、姜丝、白糖和白胡椒粉，加入黄豆酱和辣椒酱。

③ 搅匀后盖上保鲜膜，放入冰箱冷藏20分钟。

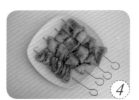

④ 取出后回温，用竹签或金属签穿成串。

⑤ 平底锅烧热倒油，腌过的鱿鱼串放入锅中。

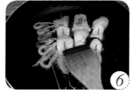

⑥ 中火加热，用锅铲按压鱿鱼串，将水分逼出。

⑦ 鱿鱼打卷并且表面变得稍干时，撒入适量椒盐即可。

⑧ 食用时调入蒜味辣椒汁味道更好。

Olivia美食记录

1. 要掌握好烹制时间，鱿鱼变老、变硬口感都不好。这道菜也能用烤箱做，烤箱预热至180℃，上下火烤12分钟即可。
2. 鱿鱼回缩比较严重，片不要切得太小。鱿鱼穿成串更方便腌制和食用。也可以把整条鱿鱼一分为二，半片鱿鱼穿成一串。